海洋エネルギー利用技術 第2版

発電のしくみとその事例

POD版

近藤 俶郎 編著
経塚 雄策・永田 修一・池上 康之・宮崎 武晃・谷野 賢二 共著

森北出版

●本書の補足情報・正誤表を公開する場合があります．当社 Web サイト（下記）
で本書を検索し，書籍ページをご確認ください．

https://www.morikita.co.jp/

●本書の内容に関するご質問は下記のメールアドレスまでお願いします．なお，
電話でのご質問には応じかねますので，あらかじめご了承ください．

editor@morikita.co.jp

●本書により得られた情報の使用から生じるいかなる損害についても，当社および本書の著者は責任を負わないものとします．

JCOPY 〈（一社）出版者著作権管理機構 委託出版物〉
本書の無断複製は，著作権法上での例外を除き禁じられています．複製される
場合は，そのつど事前に上記機構（電話 03-5244-5088，FAX 03-5244-5089，
e-mail: info@jcopy.or.jp）の許諾を得てください．

第 2 版の序言

2011 年 3 月 11 日の東日本大震災にともなう福島原子力発電所の被災は，我が国のみならず世界の多くの国々のエネルギー政策に根本的な変革を迫っている．今後のエネルギーの中核が再生可能エネルギーになることは疑う余地が無く，今世紀後半には多くの国では全エネルギー消費量のほとんどを，再生可能エネルギーが担っているであろう．輸入化石エネルギーに強く依存していた我が国の場合も，1973 年の石油ショックの直後から再生可能エネルギーの利用研究を積極的に進めた．しかし，間もなく原子力を中核としたエネルギー政策によってその利用は遅れ，今世紀に入って太陽光発電を主とした再生可能エネルギーの開発が進められるようになった．しかしそれさえも，現在はドイツ，アメリカならびに中国の後塵を拝している．何が原因なのかを，深く考える必要がある．

日本の 200 海里経済水域面積は世界第 6 位であり，国民一人あたり海域面積は主要先進国ではもっとも大きい．このことからして我が国が強力に開発すべき再生可能エネルギーは，海洋エネルギーであったはずである．近年，我が国は隣国であるロシア，韓国ならびに中国との間で離島の領有権をめぐる紛争が続いている．しかし，離島にかかわる紛争の本質は，島そのものよりもそれを囲む領海や経済水域のエネルギーや資源である，ということを見過ごしてはならない．

本書は，「海洋エネルギー利用技術（1996）」の第 2 版である．初版は阪神・淡路大震災（1995 年 1 月）直後にいち早く，我が国で将来的に有望な再生可能エネルギーとして海洋エネルギーを取り上げた技術書である．その内容は，1973 年のオイルショック以後の 20 年間，我が国が海洋エネルギー技術のトップランナーとして世界を牽引していた研究成果が取りまとめられていた．残念ながら，その後の我が国の海洋エネルギーへの政府・民間の関心が薄れて研究投資は減少し，研究活動は沈滞した．この間，EU 諸国を中心に波力発電の研究開発は着実に進展し，数か所で実用化が実現した．また，アジアでは韓国と中国で大型潮汐発電所が建設され，インドでは海洋温度差発電を利用した海水淡水化事業が実施されるなど活発な動きがある．

このような情勢から，本書は世界的に発展しつつある海洋エネルギー開発動向に興味を抱く，一般読者，初めて学ぶ学生，ならびにそれに関する仕事に携わる技術者に

内外の最新の知見を提供することを目的として刊行された．本書は入門的技術書であり，学生や一般読者にも理解できるように図表を多くし，努めて平易に書かれている．著者らはいずれも長期にわたり特定の海洋エネルギーを継続的に研究した実績を有し，現在も活躍中の研究者である．このため本書は初版とほぼ同じ構成で，編著者と共著者二人は変わらないが，2～5章の著者が新たに加わっている．

　内容のあらましを以下に述べる．1章は概説であり，世界と我が国のエネルギー情勢全体について述べ，なぜ海洋エネルギー利用が我が国にとって重要なのかを説明している．2章は半世紀以前から実用化し，今日でも世界中で開発が進んでいる潮汐発電に関する章である．3章は世界的に未利用段階に留まっている，海水の流れエネルギーを利用する海流・潮流発電に関する章である．4章は約半世紀に及ぶ研究から近年，欧州を中心として実用化した波力についての章である．海の波のエネルギー記述のために数式が多いが，本書のみで完結する内容となっている．5章は熱帯海域を始めとし，世界的にその実現が待望されている海洋温度差発電が述べられている．6章は上記以外で，海洋空間を利用したエネルギーとして洋上風力および塩分濃度差エネルギーについて簡易に述べている．7章は以上の海洋エネルギーをどのように利用するかについて扱っている．8章は海洋エネルギーの世界的状況と我が国のこれまでの取り組みに触れ，将来性を展望している．

　時間的に余裕が無い方の本書の読み方としては，1章と8章を読んだ後に，興味を惹かれた章に進む，ということをお勧めする．

　編著者の近藤は1980年から今日まで波力発電の研究を通じてご指導，ご鞭撻いただいた渡部富治博士（元室蘭工業大学教授）に深く感謝する．先生は86歳になられた現在まで振り子式波力発電を継続して研究しており，停滞期が長かった我が国の波力発電研究の国際水準を高めている功績者である．近藤は2005～2012年の7年間，国立大学法人佐賀大学海洋エネルギー研究センターの研究協議会協議員を勤める機会を得た．この間の同センター長，門出政則教授を始めとするスタッフおよび海洋エネルギーに深い見識を有する協議員諸氏との討議や交流が，本書の充実に大いに役立ったと思っている．ここに記して感謝する．

　　2015年早春

近藤俶郎（編著者）

序 言

　最近，自然災害や激しい気象変動が多い．世界的には，1993年のアメリカやトルコの大地震，1993年および1995年のアメリカやヨーロッパの大洪水がそれである．国内では未曾有の大災害として記憶に新しい兵庫南部地震（1995年1月）を始め，1994年には北海道東方沖地震，三陸はるか沖地震，史上最大の津波を伴った1993年の北海道南西沖地震など，多数の尊い人命と膨大な個人および社会の資産を失った．また1994年には東北，北海道では洪水があったのに，四国，九州並びに東海地方は長期に渉る水飢饉に悩まされ続けた．

　このような立て続けの災害を蒙った立場から，経済大国として繁栄を謳歌していたわれわれ日本人がうろたえながら学んだ大切なことは，自然の力に対抗するには人間の知恵は不足過ぎること，災害に対する安全対策は付け刃ではなく常日頃から準備していなければ役に立たないことであった．

　翻って我が国のエネルギー問題についてはどうであろうか．我が国はこのまま大量の化石燃料を何時まで輸入し続けられるだろうか．石油依存型社会が環境劣化を促進させるのみならず，防災面からも危険であることが地震直後の奥尻島や神戸の激しい火災から明らかになった．さりとて原子力発電に強く依存するのが良いだろうか．原子力発電所が阪神大震災並の直下型地震に耐え得るには，設計面でかなりの見直しが必要であり，新規の原子力発電所は従来に比べてかなり建設費が高くなることが予想される．また放射性廃棄物の最終処分についても未解決であり，発電コストが決して安い訳でもない．

　広大無限な海からエネルギーを取り出そうとすることは，研究者，技術者のみならず人類の夢の一つであった．本書の著者達は，それぞれ土木工学，機械工学，電気工学，海洋工学，水産工学と専門を異にしながらも，海洋国日本でもっとも有望な自然エネルギーである海のもつ様々なエネルギーを実用化するべく，目先の経済性のみを重視し環境への影響を軽視してきたエネルギー政策と研究の流れに抗して20年以上の長い間，研究を続行してきた．その研究結果から，今では海洋エネルギーはその種類によって，直ちに実用化が可能であるもの，実証試験を行えば実用化が可能なものいずれかであることを主張している．1993年8月25，26日に室蘭で開催された海洋

エネルギー国際シンポジュウム（ODEC '93）に参加した内外の 180 名の研究者，技術者達は，そのことの認識を深めた．こうした状況から，著者らは，近い将来訪れるであろうエネルギーと環境の危機への早急な対策に役立つことを願い，本書の出版に取り組んだ．

　本書は各種の海洋エネルギーを変換し，電力や熱などの実用エネルギーとして利用するために必要とされる技術を，最新の研究開発成果をもとにとりまとめている．内容は理工系大学 1，2 年次学生にも理解しやすい平易なものである．構成は，1 章では海洋エネルギー利用の必要性について議論し，2 章はすでに世界的には実用化が行われている潮汐について，3 章は潮流・海流について述べている．4 章は近年，もっとも研究が進展し，また我が国にとって有望な波浪エネルギー利用を扱っている．5 章は莫大なポテンシャルを持ち，世界的にその利用が望まれている海洋熱エネルギーに関する章である．6 章はその他の海洋エネルギーについて述べ，7 章では海洋エネルギーが変換された後の利用に関する方法・計画について述べ，8 章では海洋エネルギー利用に関する将来を展望している．特定種類のエネルギーを対象としている 2～6 章の基本的な構成は，利用可能量，変換システム，技術開発の歴史，ケース・スタディの順となっている．

　著者らは，著者らの研究に長い間ご支援とご協力を惜しまなかった職場の先輩や同僚，学生諸氏さらには多くの友人に感謝致します．とりわけ著者らの研究上の先輩で今でも活発に研究を続けられ，ご指導頂いている渡部富治博士（元室蘭工大教授）に深く感謝致します．また海洋エネルギー開発の重要性を認識されて，それに関する研究会を主催され，著者達にメンバーとして参加する機会を与えられた(財)沿岸開発技術センター，(社)寒地港湾技術研究センター，保全技術者連盟に対して深い敬意を表します．終りに本書の出版に長い間辛抱強く，著者らを激励下さった森北出版(株)の利根川和男氏と水垣偉三夫氏に深く感謝申し上げます．

　　　1996 年 1 月

　　　　　　　　　　　　　　　　　　著者を代表して　近藤俶郎

● 目　次 ●

第1章　概　説　　　　　　　　　　　　　　　　　　　　　　（近藤俶郎）

1.1　人とエネルギー ……………………………………………………………… 1

　　1.1.1　人間の生活とエネルギー　1　　1.1.2　エネルギーの種類　3

　　1.1.3　エネルギーの歴史　3　　　　 1.1.4　我が国のエネルギーの課題　5

1.2　海洋エネルギー …………………………………………………………… 7

　　1.2.1　再生可能エネルギー　7　　　1.2.2　海洋エネルギーの種類と特徴　8

　　1.2.3　我が国における重要性　9

1.3　エネルギー変換にともなう環境影響 ……………………………………… 9

　　1.3.1　火力発電　11　　　　　　　 1.3.2　原子力発電　11

　　1.3.3　再生可能エネルギー　11

1.4　エネルギー取得コスト …………………………………………………… 12

　　1.4.1　発電のコスト　12　　　　　 1.4.2　トータルコスト　13

　　1.4.3　固定価格買取制度　14

　　参考文献 ……………………………………………………………………… 15

第2章　潮　汐　　　　　　　　　　　　　　　　　　　　　　（経塚雄策）

2.1　潮汐エネルギー ……………………………………………………………… 17

　　2.1.1　潮汐力と干満差　17　　　　 2.1.2　世界の大干満差の海域　20

2.2　潮汐発電の原理 …………………………………………………………… 21

　　2.2.1　潮汐エネルギー利用の歴史　21　2.2.2　潮汐発電の方法　22

　　2.2.3　水車の種類　25

2.3　稼働中の潮汐発電所 ……………………………………………………… 26

　　2.3.1　ランス潮汐発電所　26　　　 2.3.2　江厦（ジャンシャ）潮汐発電所　27

　　2.3.3　韓国の潮汐発電所　28

vi　目　次

2.4　潮汐発電と環境影響 ……………………………………………………… 29

コラム：佐多岬半島における潮汐発電構想 …………………………………… 30

参考文献 ………………………………………………………………………… 32

第3章　海流・潮流 （経塚雄策）

3.1　海の流れとエネルギー ……………………………………………………… 33

　　3.1.1　海流エネルギー　33　　　　3.1.2　潮流エネルギー　37

3.2　潮流発電システム …………………………………………………………… 40

　　3.2.1　水平軸プロペラタービン式　40　　3.2.2　鉛直軸ダリウス型　42

　　3.2.3　振動翼式　43　　　　　　　3.2.4　抵抗式（サボニウス型）　43

　　3.2.5　その他の方式　44

3.3　実用化に向けての課題 ……………………………………………………… 45

コラム：海洋再生可能エネルギー実証フィールド …………………………… 46

参考文献 ………………………………………………………………………… 48

第4章　波　力 （4.1〜4.2節：近藤俶郎・4.3〜4.5節：永田修一）

4.1　海の波の要約 ………………………………………………………………… 49

　　4.1.1　線形水波の概説　50　　　　4.1.2　海の波　53

　　4.1.3　海の波のスペクトル　54

4.2　波のエネルギーとパワー …………………………………………………… 56

　　4.2.1　規則波　56　　　　　　　　4.2.2　不規則波　57

　　4.2.3　波パワーの賦存量　59

　　4.2.4　波力発電適地および波入力パワーの簡易推定法　59

4.3　エネルギー変換システム …………………………………………………… 63

　　4.3.1　発電方式　63　　　　4.3.2　エネルギーの貯蔵・平滑化・伝送　70

4.4　技術開発の歴史 ……………………………………………………………… 70

　　4.4.1　海外の開発の歴史　70　　　4.4.2　我が国の開発の歴史　73

4.5　技術開発の現況 ……………………………………………………………… 77

　　4.5.1　海外の開発の現況　77　　　4.5.2　我が国の開発の現況　84

4.6　装置の発電性能評価法 ……………………………………………………… 89

　　4.6.1　振動水柱型　89　　　　　　4.6.2　可動物体型　94

　　4.6.3　越波型　97

コラム：国産運動物体型波力発電－振り子式システム－ …………………… 97

参考文献 ……………………………………………………………………… 98

第5章　海洋温度差エネルギー　　　　　　（池上康之・永田修一・近藤俶郎）

5.1　海洋温度差エネルギーの概念 ………………………………………… 105

5.2　温度差エネルギーのポテンシャル ……………………………………… 106

5.3　OTEC によるエネルギー取得原理 ……………………………………… 107

5.4　OTEC の方式 ……………………………………………………………… 108

5.5　ランキンサイクルによるエネルギー吸収理論 ………………………… 110

5.6　OTEC の複合利用 ………………………………………………………… 111

5.7　技術開発の動向 …………………………………………………………… 112

　　5.7.1　アメリカ　112　　　　　　5.7.2　フランス　112

　　5.7.3　佐賀大学の研究　113　　　5.7.4　海洋深層水利用　115

5.8　沖縄県のプロジェクト …………………………………………………… 115

　　5.8.1　海洋深層水の利活用　116　　5.8.2　海洋温度差発電の実証事業　117

　　5.8.3　沖縄プロジェクトの特徴と意義　118

5.9　国際標準化 ………………………………………………………………… 118

5.10　経済性と課題 …………………………………………………………… 119

参考文献 ……………………………………………………………………… 121

第6章　その他の海洋エネルギー　　　　　　　　　　　　（宮崎武晃）

6.1　洋上風力発電 ……………………………………………………………… 122

　　6.1.1　着床式の現況　123　　　　6.1.2　浮体式の現況　125

6.2　塩分濃度差発電 …………………………………………………………… 129

　　6.2.1　逆電気透析法　130　　　　6.2.2　浸透圧法　130

　　6.2.3　塩分濃度差発電の利用　131

コラム：洋上風力発電の進展と海洋バイオマスエネルギー ……………… 132

参考文献 ……………………………………………………………………… 132

第7章　取得エネルギー利用システム　　　　　　　　　　（谷野賢二）

7.1　利用面からみた海洋エネルギーの特徴 ………………………………… 135

viii　目　次

　　7.1.1　エネルギー取得場所と陸地までの距離　135

　　7.1.2　取得エネルギー規模　135

　　7.1.3　需給エネルギーの変動性　136

　7.2　電力利用　……………………………………………………………　137

　　7.2.1　発電機の種類と特徴　137　　　7.2.2　系統連系　139

　　7.2.3　エネルギー貯蔵　139

　　7.2.4　スマートグリッド/マイクログリッド　141

　　7.2.5　変換装置の規格化・ユニット化　142　　　7.2.6　漁業協調　142

　　7.2.7　機能の複合化　143

　7.3　海水淡水化　……………………………………………………………　144

　7.4　水産・環境分野における海洋エネルギー利用　…………………………　146

　　7.4.1　背　景　146　　　　　　　7.4.2　導水工　146

　　7.4.3　気泡噴流（エアレーション）　149

　参考文献　…………………………………………………………………　150

第8章　むすび ―現状と展望―
　　　　　　　　　　　　　　　　　　　　　　　　　　　　（近藤俶郎）

　8.1　海洋エネルギー開発の歩み　…………………………………………　152

　8.2　世界的状況　……………………………………………………………　154

　8.3　我が国の展望　…………………………………………………………　156

　参考文献　…………………………………………………………………　158

　付　表　……………………………………………………………………　159

索　引　……………………………………………………………………　161

第 1 章

概　説

気象衛星画像（北半球，赤外，2015.4.2.11:00）（気象庁ホームページより）

　日本は北半球の中緯度で，太平洋の西端にある南北に細長い島国である．このことから将来の再生可能エネルギー利用において，海洋のエネルギーが基軸となるのは当然の理である．

1.1　人とエネルギー

1.1.1　人間の生活とエネルギー

　今日の日本の都会で働く平均的なサラリーマンの一日を，エネルギー消費の面から眺めてみよう．郊外にある自宅で朝起きて温水で顔を洗う．温水は水道水をガスで熱している．シェーバーで髭を剃る．朝食は冷蔵庫に入れてあった食材を，ガスと電気を用いて調理したものである．ウィークデーの通勤には，石油を燃料にするバスと電車を利用する．ドア・ツー・ドア約一時間の通勤時間を費やし，オフィスに着くとエアコンの効いた職場でパソコンを立ち上げ，仕事を始める．昼食時間を挟み，8時間以上働いて，時には道草をすることもあるが，往路と逆方向に向かって帰宅する．家

族と共に夕食をとり，その後はテレビをみながらおしゃべりをし，風呂に入り，ベットで眠りにつく前に読みかけの本を読み，やがて電灯を消して一日を終える．休日は家族そろってマイカーでスーパーへ買い物に出かけるが，ときには観光地訪問や趣味のスポーツ観覧をすることもある．このように，今日の大多数の人々の生活は，電気，ガス，石油などのエネルギーをさまざまな形で消費することで成り立っている．

人類のエネルギー消費量は，人口の増加と社会構造の変化によって急増してきた．人口の増加は生物として安全に生存できる環境が整えられたことと医学の進歩による．社会構造が狩猟社会から農耕社会，工業化社会そして情報化社会と変化するにつれて，エネルギー消費量が急増してきた（図 1.1）．とくに 19 世紀の工業化社会においては，蒸気機関，内燃機関などの化石エネルギー利用による動力の普及により，工業製品の大量生産が実現した．また，鉄道や航空機などの高速交通機関が実現し，行動範囲が格段に広がった．

この過程において，エネルギーは薪から大量利用が可能な石炭，石油，天然ガスなどの化石燃料（fossil fuel）へと移り変わった．さらに，20 世紀になるとエネルギー利用の形態は電気が主になったので，主なエネルギー源は水力（hydro power）から化石燃料による火力（thermal power）に移り，そして 20 世紀後半に原子力（nuclear energy）が加わった．

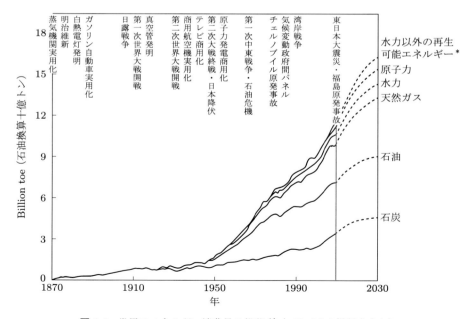

図 1.1　世界のエネルギー消費量の推移[1]（* はバイオ燃料を含む）

1.1.2 エネルギーの種類

エネルギーの源である物質は，一次エネルギーとよばれる．それらはその形態から分類すると，動力，熱，化合物，光，核に，また，その持続性に着目すれば，枯渇性と再生可能性によって分けられる．表 1.1 は，一次エネルギーをその二つの観点から分類している．

表 1.1　一次エネルギーの種類

持続性＼形態		動　力	熱	化合物	光	核
枯渇性		野生動物	廃熱	化石燃料： 　石油，石炭， 　天然ガス 　　　　　など		鉱物： 　ウラン， 　プルトニウム， 　トリウム 　　　　　など
再生可能性	自然	位置エネルギー： 　水力，潮汐，氷河 運動エネルギー： 　風力，海流，潮流 　　　　　など 位置・運動量エネルギー：波	太陽熱 地熱 海洋熱 など	塩分濃度差	太陽光	重水素
	生物	飼育動物	メタン発酵 　　　　　など	バイオマス： 　木質，穀物， 　海藻　など		

この表からすると，現在使用されている大半の一次エネルギーは枯渇性であるが，再生可能なエネルギーは枯渇性エネルギーよりも多種であることがわかる．また，表 1.1 の各種のエネルギーを相互に，あるいは電気に変換する仕組みは，図 1.2 のようになっている．

エネルギーの単位は，形態ごとに異なる表現がなされる．各種のエネルギーについてそれらを比較し，エネルギー量を求めるには，相互の換算値が必要になる．表 1.2 には，主要なエネルギーの換算値を示してある．

1.1.3 エネルギーの歴史

およそ 200 万年の歴史をもつといわれる人類は，約 10 万年前から火を積極的に使うことで今日の人類社会への歴史を歩み始め，文明への道程を築いた．すなわち，熱エネルギーの有効利用こそが人類社会の基礎である．

それは，燃える石（石炭）や燃える水（石油）などの化石エネルギーの発見と利用に結び付く．そして，19 世紀後半の蒸気機関の発明は大量の石炭の採掘を促し，得ら

4　第1章　概　説

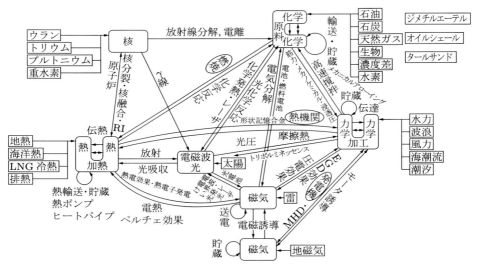

図 1.2　エネルギー変換マップ [2]

表 1.2　エネルギー単位の換算表

(この表では，行方向にみることで左端のエネルギー量が1の場合に，それに対する最上行に示す各エネルギー単位の量が求められる)

単位 (記号)	J	kgf·m	kWh	kcal	BTU	TOE	MTCE	Nm³NG
ジュール (J)	1	0.102	2.78×10^{-7}	2.39×10^{-4}	9.48×10^{-4}	2.2×10^{-9}	3.4×10^{-8}	2×10^{-5}
仕事量 (kgf·m)	9.80	1	2.72×10^{-6}	2.29×10^{-3}	9.24×10^{-3}	2.15×10^{-8}	3.4×10^{-7}	2.5×10^{-4}
キロワットアワー (kWh)	3.60×10^{6}	3.68×10^{-5}	1	860	3410	7.9×10^{-5}	1.2×10^{-3}	0.09
キロカロリー (kcal)	4187	436	1.2×10^{-3}	1	4	9.3×10^{-8}	1.5×10^{-7}	1.06×10^{-4}
ブリテッシュサーマルユニット (BTU)	4187	436	1.2×10^{-4}	1	2.3	3.7×10^{-8}	2.7×10^{-8}	$\times 10^{-5}$
石油換算トン (TOE)	4.54×10^{10}	4.63×10^{9}	1.26×10^{4}	1.08×10^{7}	4.3	1	1.6	1150
石炭換算トン (MTCE)	2.88×10^{7}	2.93×10^{6}	8010	6.9×10^{6}	2.73×10^{7}	0.64	1	730
天然ガス立方メートル (Nm³NG)	3.94×10^{4}	4000	10.9	9400	3.73×10^{4}	8.7×10^{-4}	1.4×10^{-3}	1

注：　1 J = 1N·m = 10^7 erg = 10^7 dyn·cm　　1 BTU = 1055 J = 0.252 kcal
　　　1 kgf·m = 9.8 J　　　　　　　　　　　　　1 TOE = 4.3×10^6 BTU = 1.075×10^7 kcal
　　　1 W = 1 J/s,　1 kWh = 3.6×10^6 J　　1 MTCE = 0.64 TOE
　　　1 kcal = 4187 J　　　　　　　　　　　　　1 Nm³NG = 9400 kcal

れたエネルギーは動力に変換され，各種の産業を興し，汽車で交通量を拡大させ，工業化社会を創りあげる原動力となった．それに続く電気の発明と利用は，動力への利用に加え電灯による照明の普及をもたらし，夜間の活動を可能にした．一方，蒸気機関に対して，石油を用いた内燃機関の開発は自動車に代表される小規模動力利用を可能にし，交通の量と質を画期的に拡大した．

原子力エネルギーの利用は，20世紀半ばに第二次世界大戦の戦勝国であるイギリスとアメリカが，究極の武器である原子爆弾の民生用エネルギーへの展開として始めた．イギリスでは1952年，アメリカでは1956年に，原子力エネルギーによる商用化発電が実現した．そして21世紀に入ると，先進国の多くでは，化石燃料の排出ガスの大気環境への影響，とくにCO_2など温室効果ガスによる気温上昇へのエネルギー面からの対応策として，原子力発電が推進された．

1.1.4　我が国のエネルギーの課題

我が国は幕末に開国し，明治以降に西洋の科学技術を速やかに吸収していち早く列強に追いつくが，その過程は①お雇い西洋人科学者，技術者の招へい，②科学者，技術者の欧米諸国への派遣，③理工系高等教育機関の設立，の順で進められた．そして，明治中期から大正末期までのわずか30年で日本の工業化社会の基礎が完成した．その根底には，それまでに培われた伝統的な技術の蓄積と，それを支える初等・中等教育の充実がある．

日本の近代において，19世紀後半から約100年間の主エネルギーは，民生用の熱エネルギーは以前と変わらない薪炭に依存したが，産業用のエネルギーは石炭と水力発電が主であった．20世紀後半となって工業化の促進によるエネルギー大量消費時代になると，主エネルギーは高性能な化石エネルギーである石油に替わった（図1.3）．

我が国の原子力発電は，第二次世界大戦終戦の講和条約調印にひき続く日米安全保障条約締結直後の1954年に，原子力3法が制定され，1966年に茨城県東海村に第1号の原子力発電所が稼働したことに始まる．

20世紀半ば以降の日本におけるエネルギーのあり方に大きな影響を与えたものとして，次の三つの事象が挙げられる．

(1)　第二次世界大戦での敗戦 (1945)

(2)　第一次中東戦争による石油危機 (1973)

(3)　東日本大震災 (2011)

(1) によって，国産の化石エネルギーが僅少な我が国は過度な化石エネルギー，とく

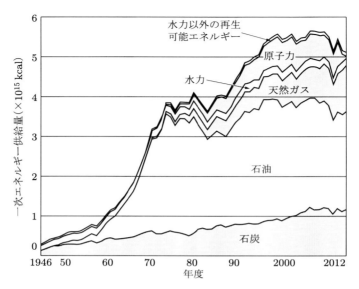

図 1.3　日本の一次エネルギー供給量の推移（1946〜2012）[3]

に石油の輸入国となった．そのための外貨獲得に，工業製品の輸出が国家目標となった．主な石油輸入先は中東諸国であり，大型タンカーによる 12000 km もの長距離海上輸送が，それを可能にした．しかし，(2) によって産油国の輸出制限が始まり，石油価格が高騰し，輸入国はいわゆるオイルショックで経済不況に陥った．石油輸入大国である我が国への影響は甚大であり，これを契機にエネルギー自給率を高めるため，原子力や再生可能エネルギーの利用促進が急がれた．しかし，大量の電力生産に適する原子力発電が中心となり，後者は太陽光など特定の種類に限定したエネルギー政策が推進された．これは，多くの EU 諸国が多種多様な再生可能エネルギー利用を進めた政策とは異なっている．(3) によるマグニチュード 9.0 の巨大地震とそれにともなう巨大津波により，東京電力(株)福島原子力発電所の四基の原子炉が破壊された．もともと地震多発国でありながら，大量の冷却水を必要とするために海岸に設置せざるをえない我が国の原子力発電所は，地震による被災の可能性が大陸諸国に比べて格段に高い．そのことを過小評価してきたことが大事故に結びついた．

　これから先は，我が国は再生可能エネルギー主体の政策に舵を切ることが迫られている．

1.2 海洋エネルギー

1.2.1 再生可能エネルギー

再生可能エネルギー（renewable energy）とは，太陽と地球が存在する限り，半永久的に再生されるエネルギー，と定義される．太陽の熱や光はもとより，生物や風にしても，また海洋の種々のエネルギーも，太陽エネルギー（solar energy）がもととなっている（図 1.4）．枯渇性のエネルギーである石炭や石油も，生物の亡骸が長年，地中に蓄えられたものであるから，その起源は太陽にさかのぼる．主な再生可能エネルギーは表 1.1 に示している．

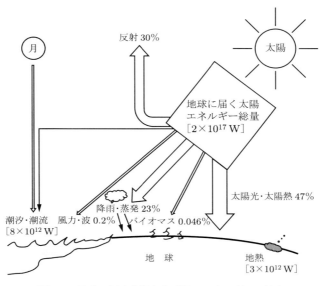

図 1.4 地球に届く太陽および月のエネルギーの流れ

再生可能エネルギーの特徴は，多種多様であることと地理的に偏在しないことである．一方，エネルギー密度が低いこと，したがって化石エネルギーなどに比べて電力などの実用エネルギーへの低コスト変換が困難であることが，短所としてあげられる．

再生可能エネルギーの自然にある状態でのエネルギー量，すなわち賦存量（ポテンシャル量ともよばれる）は，科学的に推定できる．賦存量から実用エネルギーとして取り出されて利用できる量が，利用可能量である．表 1.3 は各種の再生可能エネルギーの利用可能量を，世界と日本について示してある．この可能量は，2030 年頃ま

8 第1章 概 説

表 1.3 再生可能エネルギーの利用可能量 (2030) と利用量 (2010)

対象地域 / 種類	世 界 [TW]		日 本 [GW]	
	利用可能量	既利用量	利用可能量	既利用量
太陽 (光および熱)	10	0.02	100	0.5
風 力	10	0.1	120	1.0
水 力	2	0.5	25	10
地 熱	1	0.01	20	0.5
バイオマス燃料	2	0.2	30	2.4
小 計	25	0.83	295	14.4
海洋 潮 汐	0.1	0.001	1	－
海洋 潮流・海流	0.2	0	6	－
海洋 波 力	0.4	0	12	－
海洋 温度差	0.2	0	10	－
海洋 塩分濃度差	0.1	0	1	－
小 計	1	0.001	30	－
計	26	0.831	325	14.4

でに技術的に利用可能なエネルギー量を，既往の文献 5)〜8) などをもとに推定したものである．また，既利用量については，およそ 2010 年の実績である [9]〜[12]．

　表 1.3 の再生可能エネルギーの利用可能量は，図 1.1 に示した 2030 年に推定される全世界エネルギー消費量 16 Btoe の約 1.5 倍に相当する．これから，今世紀の中頃までには，世界全体としては全エネルギーを再生可能エネルギーのみで供給できる可能性が認められる．一方，同表の我が国の利用可能量約 325 GW は，2009 年度の一次エネルギー供給量 640 GW（430 Mtoe）の約 50% に相当する．3.11 の原子力発電所事故を受け，2012 年 9 月，政府は 2030 年代に「原発稼働ゼロ」を目指してエネルギー政策を提示した．その目標は，再生可能エネルギーと化石エネルギーで約 1/2 ずつ負担できれば達成可能である．なお，ロビンス（Amory B. Lovins）ら [12] はアメリカの場合について，2050 年に全エネルギーを，再生可能エネルギーと天然ガスのみで賄う計画を提案している．

　しかし，脱原子力プラス脱化石エネルギーの再生可能エネルギーのみの理想的な環境保全型社会を実現するには，再生可能エネルギーの高効率変換技術の確立や，新しい再生可能エネルギー源の開発に加え，低エネルギー型社会への転換が必須である．

1.2.2 海洋エネルギーの種類と特徴

　我が国の再生可能エネルギーの利用可能量の特筆すべき点は，海洋エネルギー（ocean energy）の割合が，全世界の約 3% に対して，約 10% と高いことである．

　海洋エネルギーは，海水が本来的にもっているエネルギーとして定義するなら，潮汐（tides），海流・潮流（ocean and tidal currents），波浪（wave），海洋熱（ocean thermal），塩分濃度差（salinity gradient）の5種である．さらに，海洋の空間を利用して取得されるエネルギーとしては，ⅰ）海上での風力や太陽エネルギー，ⅱ）海中でのバイオマスや溶存鉱物，ⅲ）海底での化石燃料の採掘などもある（表1.4）．

本書では，海洋エネルギーとして前者の定義に従う5種を取り上げ，海洋空間利用のエネルギーについては簡略に扱う．5種の海洋エネルギーの形態は，表1.4で示すように，潮汐，海流・潮流ならびに波は動力的もしくは力学的エネルギーで，温度差エネルギーは熱，そして濃度差は化学的エネルギーである．それぞれのエネルギーが取得される適地条件については，表1.4の右端に示している．

表 1.4 海洋エネルギーの種類と特徴

エネルギー種類	エネルギーの形態	適　地
潮　汐	海面の上下動にともなう位置エネルギー	潮差（干満）の大きい地点
海流・潮流	海水の流動による運動エネルギー	流れの強い地点
波　浪	波浪の位置・運動の両エネルギー	波高の平均値が高い海域
塩分濃度	位置による塩分の濃度差	淡水がある河口域
空間利用	海上：風力，太陽，海中：バイオマス	

1.2.3　我が国における重要性

我が国で海洋エネルギーの将来性が高い理由を考える．我が国の200海里水域は図1.5のようになっていて，世界で6番目に広い．陸地面積に比べ，このように広い経済水域をもつ理由は，本州，北海道，九州，四国，沖縄の主要五島で形成される島国であるからである．加えて小さな離島が多いことが200海里水域を広くしている．

表1.5には，世界の主要国の200海里管轄海域面積(C)と陸地面積(D)，およびそれぞれの国民一人あたり面積(F, G)を示した．これからわかるように，国民一人あたりの海域面積では先進主要国中，カナダに次いで大きい．なお，山田[13]による海水の体積の比較では，我が国は世界第4位となっている．

1.3　エネルギー変換にともなう環境影響

エネルギー資源を熱や電力のような実用エネルギーに変換するとき，自然環境を変化させる．これが許容範囲を超えると，いわゆる環境汚染とよばれる現象が起こる．ここでは電力への変換の場合について考える．

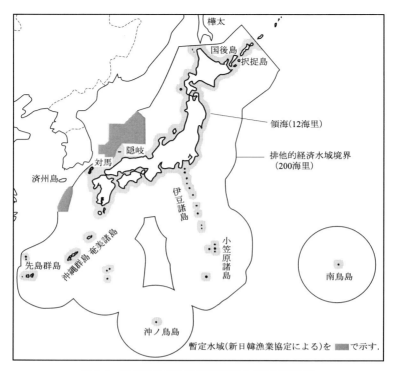

図 1.5 我が国の 200 海里管轄海域（海上保安庁）

表 1.5 国別 200 海里管轄海域面積

A: No.	B: 国	C: 200 海里面積 [万 km²]	D: 陸地面積 [万 km²]	E: 人口 [万人]	F = C/F [千 m²/人]	G= D/F [千 m²/人]
1	米国	762	962	29821	26	32
2	オーストラリア	701	774	2016	350	380
3	インドネシア	541	191	22278	24	9
4	ニュージーランド	483	27	403	1200	67
5	カナダ	470	997	3223	150	310
6	**日本**	**447**	**38**	**12807**	**35**	**3**
7	ロシア	449	1708	14320	31	120
8	ブラジル	317	851	18641	17	46
x	イギリス	150*	24	5967	25	4
xx	フランス	58*	55	6050	10	9
xxx	ドイツ	8*	36	8269	1	4

注：No.1〜8 の国の 200 海里管轄面積は，海洋政策研究所：海洋白書，2007 による．
＊印の EU に属する 3 国については，欧州のみについての推定値．

1.3.1 火力発電

火力発電の環境への影響は、石炭、石油、天然ガスなど化石燃料の採掘と燃焼の二つの過程で生じる。採掘過程では、石油や天然ガスなど流体の場合は周辺への流出があり、とくに海底石油の採掘では大規模な海洋汚染の発生を招くおそれがある。燃焼過程では、CO_2、SO_2 メタンならびに窒素酸化物などの廃ガスと、浮遊物質が発生する。いずれも人間の健康に害があることに加えて、廃ガスは温室効果ガスとして地球温暖化の原因となる。

1.3.2 原子力発電

現存の原子力発電は、ウランなどの放射性元素中の中性子の核分裂エネルギーを熱エネルギーに変換し、蒸気タービンを回して発電する。その過程で、大気や排水に放射性物質と高温の廃熱を放出する。さらに、燃え残った核物質は放射性廃棄物となり、その処理が必要である。前者は人体に有害であるので、さまざまな技術的手段で低濃度化が図られる。大規模な事故になるとそれが不可能になり、人身事故を含む長期かつ広域の環境汚染に結びつく。それ以上に深刻な課題は、後者の核廃棄物の最終処理は放射性物質の半減期が長いこともあって困難を極めており、最終処理場は現時点において、世界中でフィンランド以外には実現していないことである。

1.3.3 再生可能エネルギー

再生可能エネルギーの電気変換方法はエネルギーの種類によって異なり（図 1.2）、力学的、熱、光ならびにバイオマスに大別される。

表 1.6　再生可能エネルギーによる環境影響と対応策

エネルギー種類	主な環境影響	主な対応策
太陽光	① シリコン系材料の枯渇	薄膜化の推進、他種材料の開発
	② パネル下方の植物への影響	パネルの構造と配置の工夫
風　力	① 騒音と低周波の発生	羽根翼形の工夫、機械音の低減
	② 落雷	避雷装置、避雷塔の設置
	③ 鳥の衝突	衝突防護システムの開発
水　力	① 貯水池による土地水没	流れ込み式小水力発電の推進
	② ダム下流の流砂量減少	土砂排出施設
地　熱	① 有害成分（ヒ素、硫化水素）排出	有害成分除去システムの確立
	② 井戸、管の腐食	耐腐食性材料の開発
バイオマス	① 過度採取による資源減少	採取量の制限
	② 食糧資源との競合	利用量の計画的配分

12　第1章　概　説

　再生可能エネルギーのうちの太陽光，風力，水力，地熱，バイオマスについて，エネルギー変換にともなう主な環境影響とその対応策を，表1.6に示した.

　海洋エネルギーについては2〜6章で述べる.

1.4　エネルギー取得コスト

1.4.1　発電のコスト

　一般に，発電プラントの建設単価は次式のように，建設費を定格出力で割って求める.

$$\text{建設単価 } C \text{ [円/kW]} = \frac{\text{建設費 [円]}}{\text{定格出力 [kW]}} \tag{1.1}$$

ここで，建設費とは，設備建設費，エンジニアリング費，予備費，用地費など建設にかかわるすべての費用である.

　1 kWh あたりの発電単価は，次式で求める.

$$\text{発電単価 } Pg \text{ [円/kWh]} = \frac{(\text{年間固定費} + \text{年間運転費}) \text{ [円]}}{\text{年間発電量 [kWh]}} \tag{1.2}$$

ここで，年間固定費とは，借入金利，減価償却費，固定資産税からなるもので，通常次式で求める.

$$\text{年間固定費} = \text{設備費} (1 - \text{残存価格率}) \times \text{資本償却率} \tag{1.3}$$

上式中の資本償却率は，設備の年間の償却の割合を示し，借入金利を γ，償却年数を n とすると，次式で求められる.

$$\text{資本償却率} = \frac{\gamma(1+\gamma)^n}{(1+\gamma)^n - 1} \tag{1.4}$$

また，年間運転費は人件費，維持補修費，税金，保険料ならびに諸経費からなる.

　年間発電量は次式で求める.

$$\text{年間発電量 [kWh/年]} = 8760 \text{ [hr/年]} \cdot \text{定格出力 [kW]} \cdot \text{年間稼働率} \tag{1.5}$$

　再生可能エネルギーの特徴の一つに，1単位の規模が小さいことがある. したがって，実用化初期の建設コストおよび発電コストは，すでに普及している火力や原子力に比べて高い. しかし，普及が進んで全体の発電量が大きくなると，コストは急減する. 図1.6は我が国の太陽光発電システムの設備コストを，国内導入量 [MW] との関

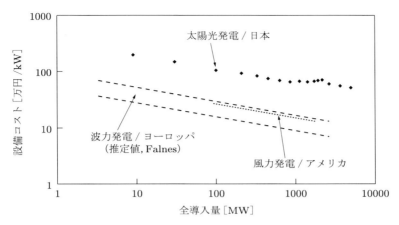

図 1.6 我が国の太陽光発電の全導入量と設備コストの関係

係で示したものである．これによれば，導入量が 1 GW（1000 MW）までは，10 倍になればコストは約 1/2 になったことが読み取れる．このような設備導入量対建設コストの曲線は，学習曲線（learning curve）とよばれる．

なお，破線は Falnes [14] によるヨーロッパにおける波力発電の推定建設コストの範囲であり，そのコストは太陽光に比べて格段に低い．

1.4.2 トータルコスト

上記の発電単価 Pg は，発電に要する費用として求められている．しかし，前節で記したように，発電の過程では，エネルギーの種類によっては環境を悪化させる場合がある．化石燃料では CO_2 などの廃ガスや廃熱が，原子力発電では放射性の排出物質や廃棄物がそれである．そのような種類の発電の場合は，環境悪化要因を除去するための費用，あるいは悪化させた場合の修復の費用を見込むべきである．これを環境コスト Pe と定義する．さらに，事故にともなう保障を含む社会的，政治的なコスト Ps も考慮した真のコストとして，次式のトータルコスト Pt を考慮する必要がある．

$$Pt = Pg + Pe + Ps \tag{1.6}$$

以上は Kondo ら [15] の提案であり，試算例 [16] を表 1.7 に示す．これによれば，再生可能エネルギーは，発電コストでは石油火力より高いが，トータルコストでは安価になるケースがある．

また，大島 [17] は，各種エネルギーの発電単価，開発単価，立地単価を実績から推定して表 1.8 の値を得ている．なお，前出の環境コスト，社会コスト，トータルコスト

14　第 1 章　概　説

表 1.7　発電単価とトータルコストの試算例 [16]

エネルギー種類		Pg	Pe	Ps	Pt	$Pg/Pg,o$	$Pt/Pt,o$
波力	振り子/ケーソン式	28.7	−1.0	1.0	28.7	2.4	1.4
	振り子/離岸堤式	14.8	0	1.0	15.8	1.2	0.8
風力/室蘭港		15.8	1.6	2.0	18.6	1.3	0.9
太陽光		35.0	0	0	35.0	2.9	1.7
石油火力		12	6.0	2.0	20.0	1.0	1.0

注：下付き "o" は石油火力の値.

表 1.8　電源ごとの発電総単価 [1970〜2007 年度] [17]

	原子力	火　力	水　力	一般水力	揚　水	原子力+揚水
発電単価	8.64	9.80	7.08	3.88	51.87	10.13
開発単価	1.64	0.02	0.12	0.06	0.94	1.68
立地単価	0.41	0.08	0.06	0.04	0.34	0.42
総単価	10.68	9.90	7.26	3.98	53.14	12.23

は，それぞれ開発単価，立地単価，総単価に相当する．これによれば，一般水力（揚水をしない水力発電）がすべての単価についてもっとも安い．

1.4.3　固定価格買取制度

　表 1.3 に示したように，再生可能エネルギーの利用可能量に対する現在の利用は，2010 年時点で世界的に 6%に達しない．水力発電先進国の我が国でも，ほぼ同率にとどまっている．再生可能エネルギーによる電力などへの実用エネルギーが普及するには，火力や原子力と対抗できるコストになることが必要である．それには，図 1.6 に示したように再生可能エネルギーの発電量を拡大し，コストを低減させることが不可欠である．こうした理念によって，1990 年にドイツでは再生可能エネルギーの固定価格買取制度（Feed in Tariff：FIT）を導入して，発電量を画期的に増大させた．EU 諸国をはじめ多くの国では同制度を導入し，再生可能エネルギーの普及を促進させている．

　ドイツに 20 年以上遅れて，我が国では 2011 年に同制度が法制化され，2012 年 7 月からスタートした．表 1.9 はその案であり，これにより再生可能エネルギーの普及が加速されることが期待される．残念ながら，海洋エネルギーが FIT の対象になるのは 2015 年以降とされている．

　我が国の場合，海洋エネルギーは手つかずに残されている再生可能エネルギーであり，その実用化に今世紀からの国の運命が委ねられているといっても過言ではない．

表 1.9 全量買取価格制度 [2012.7.1～2013.3.31]

種　類	区　分	内部収益率 [%]	買取価格 （税前）[円]	買取期間 [年]
太陽光	10kW～	6	42	20
風　力	20 kW～	8	23.1	10
	～20 kW	1.8	57.75	10
地　熱	15 MW～	13	27.3	15
	～15 MW		42	15
小水力	1～30 MW	7	25.2	20
	0.2～1 MW		30.45	
	～0.2 MW		35.7	
バイオマス	メタン発酵	1	40.95	20
	未利用木材	8	33.6	
	一般木材	4	25.2	
	廃棄物系	4	17.85	
	リサイクル木材	4	13.65	

国をあげての取り組みが急がれる.

参考文献

1) BP Energy Outlook 2030, 2011, p.10 の図をもとに作成.
2) 梶川武信：エネルギー工学入門, p.8, 図 1.1, 裳華房, 2006.
3) 日本エネルギー経済研究所計量分析ユニット編：エネルギー・経済統計要覧,（財）省エネルギーセンター, 2014 の表から作成.
4) World Energy Council: 2010 Survey of Energy Resources, 2010.
5) 清水幸丸編著：再生型自然エネルギー利用技術, 第 2 章 自然エネルギー資源量, pp.11-40, パワー社, 2006.
6) Bhuyan, G.S.: Harnessing the Power of the Oceans, An IEA Open Energy Technology Bulletin Article, Issue No.52, 2008.
7) 海洋エネルギー資源利用推進機構：2050 年に向けた海洋エネルギー開発ロードマップ, 2008.
8) 4) と同じ
9) BP Statistical Review of World Energy, June 2011.
10) 経済産業省(編)：エネルギー白書 2012, p.264, 株式会社エネルギーフォーラム, 2013.
11) 5) と同じ
12) Lovins, A.B. and Rocky Mountain Institute: REINVENTING FIRE, Rocky

Mountain Institute, 2011, 邦訳 新しい火の創造, 山藤 泰訳, ダイヤモンド社, 2012.

13) 山田吉彦：日本は世界4位の海洋大国, +α新書, p.190, 講談社, 2010.

14) Falnes, J.: Ocean-Wave Energy, Energy and Environmental Physics, Institute of Physics, NTNU, 2009.

15) Kondo, H., S. Osanai and I. Sugioka: The concept of true cost of energy and its application to ocean energies, Proc. of International Symposium on Ocean Energy Development, Muroran Inst. of Tech. and Cold Region Port & Harbor Eng. Research Center, pp.101-106, 1993.

16) Kondo, H., F. Taniguchi, S. Osanai, T. Watabe: Cost analysis of the wave power extraction at breakwaters, Proc. of 12th ISOPE, pp.614-618, 2002.

17) 大島堅一：再生可能エネルギーの政治経済学, p.80, 表2-7, 東洋経済新報社, 2010.

第 2 章

潮 汐

(a) 干潮時　　　　　　　　　　　　(b) 満潮時

佐賀県藤津郡太良町大浦漁港

　佐賀県の藤津郡太良町は「月の引力がみえる町！！」を観光のキャッチフレーズにしているが，上の写真は大潮の日にその町の大浦漁港で撮った，干潮時と満潮時の写真である．干潮時は港の中の海水が引いて船が着底してしまっているが，満潮時は海底から 5 m 程度上の海面で浮いていることがわかる．このような干満差を利用するのが，潮汐発電である．

2.1　潮汐エネルギー

2.1.1　潮汐力と干満差

　潮汐とは，海面の周期的な昇降をいう．"大潮" や "小潮" などの言葉が日常的に使われているが，潮汐は普通の波（風波）や高潮とは違って，周期的かつ規則的な海面の変化をいう．日本で一番干満差が大きいのは，九州の有明海であり，湾奥では大潮時の干満差は 6 m ほどもある．

　このような大きな干満差は，地球や月，太陽などの天体運動によって生じる潮汐力によるものである．簡単のために，地球と月の運動でこれを説明しよう．これには，"引力" と "遠心力" の二つの力が関係している．地球と月は宇宙空間の中で，引力と

遠心力がバランスして安定的に連成運動しているが，その運動の中心は地球の重心約 4700 km から外れた両天体の共通重心点であり，地球自身も運動していることに注意しなければならない．まず，引力は物体間の距離の 2 乗に反比例して小さくなるので，図 2.1(a) のように地球上では月に面しているほうが強く引っ張られるが，反対側では弱い．これに対して，遠心力については，地球の重心は共通重心点のまわりで回転運動するが，他の点についても重心と同じように回転運動することになるので，同図 (b) のように地球上の点にはすべて同じ大きさの遠心力が働くことになる．よって，潮汐力はこれら二つの力が合わさって作用するので，同図 (c) のようになる．そのため，地球上の海面は，月に面した側と反対側でも高まることになり，1 日 1 回の自転によって 2 回の満潮を経験することになる（同図 (d)）．

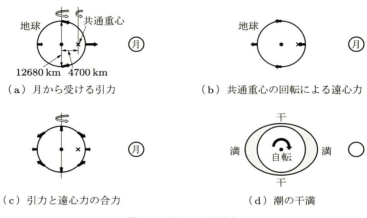

図 2.1 月による潮汐力

ただし，実際には月の軌道面（白道）は地球の赤道面に対して約 25 度傾いており，その影響によって，海面の水位は図 2.2(a) のように緯度が約 25 度のところで最大になる．そのため，地点の緯度高さによって観測される水位変化は，同図 (b) のように，日周期の潮汐あるいは半日周期の潮汐が卓越する場合が一般的である．

また，地球が自転する間にも月は地球の周りを回り続けるので，月に対する周期は長くなる．月の潮汐力がもっとも大きい半日周期の潮汐を M2（主太陰半日周潮）分潮というが，その周期は約 12 時間 25 分である．

つぎに，太陽の影響も考慮すると，15 日ごとにやってくる大潮，小潮が説明できる．図 2.3(a) のように，大潮時は三つの天体が一直線となる場合で，新月あるいは満月のときである．このときは，月と太陽の潮汐力が足し合わされて大きな潮汐を生じ

2.1 潮汐エネルギー   19

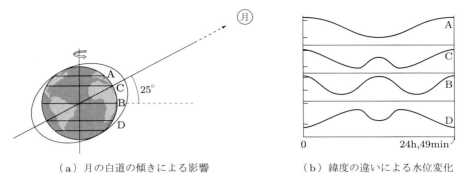

(a) 月の白道の傾きによる影響　　(b) 緯度の違いによる水位変化

図 2.2 緯度高さによる潮汐変化の模式図

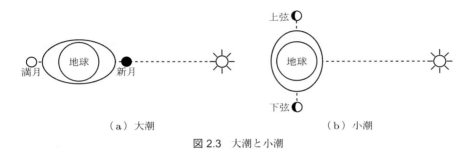

(a) 大潮　　　　　　　　　(b) 小潮

図 2.3 大潮と小潮

る．逆に，同図 (b) のように，月と太陽が直角の位置になると小潮となり，両天体による潮汐力は相殺されることになる．

このように，潮汐は主には地球と月と太陽の天体運動によって生じるが，これ以外にも金星，火星，木星などの天体から影響を受けることが知られている．太陽系の天体運動は観測によって詳細に調べられており，天体の理論から，潮汐力の振幅と周期は天文引数として計算可能である．ただし，海洋の潮汐現象については，水深や地形の影響が大きいのでそれほど単純ではない．日本では，気象庁（73 地点），海上保安庁（20 地点），国土地理院（25 地点）などが各地で潮位の観測を行っており，観測結果から，潮汐調和定数として分潮ごとの振幅と位相を整理している．験潮所における観測値については，インターネットを通じて現在および過去の潮位データについてもダウンロードできるようになっている．

図 2.4 は，2007 年 4 月の佐賀県大浦における潮位変化を計算したものである．上の円は月の満ち欠けを示している．この図からも，満月と新月のときは大潮で，半月のときは小潮であることが確かめられる．通常，実際の観測値と計算値の違いは非常に小さい．

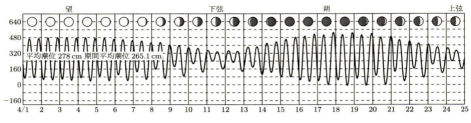

図 2.4　2007 年 4 月の佐賀県大浦における潮位変化（計算値）

2.1.2　世界の大干満差の海域

　地球表面上の同じ場所で，潮の干満が 1 日 2 回現れるのは，地球の自転によって月に近づいたり離れたりするためである．そのため，月との距離が自転によってあまり変化することのない極地方では，潮位差はほとんどない．では，月との距離がもっとも大きく変化する赤道付近でもっとも潮位差が大きくなるであろうか．引力と遠心力の合力のすべてが海水を動かす力となり，しかも海水の移動速度が大きくてわずか 6 時間で地球を 1/4 周することが可能であれば，そうなるが，現実にはそのようなことはない．海水を動かす力は地球表面に沿う方向でなければならないが，低緯度地帯では鉛直方向（天地方向）の成分となり，それは重力に比べて圧倒的に絶対値が小さい．そのため，いくら大きな水平力が働いても，海水の移動速度はせいぜい時速 10 km 程度なので，6 時間で地球の 1/4 周も動いて海水が集中することは不可能である．海水を動かす原動力となる水平成分の力は中緯度域で最大となるが，実際の潮位差は海水移動経路の海岸地形や海底地形などに大きく左右される．日本周辺の潮位差も場所によってずいぶん異なり，韓国西岸で非常に大きいところがあるが，日本国内では最大でも有明海の 6 m 程度である．

　それでは，潮位差の非常に大きい場所は実際にはどこにあるのだろうか．また，その潮位差はどのくらいであろうか．図 2.5 には世界中で潮位差の大きい代表的な湾とその潮位差を示した．これをみると，潮位差の大きい湾はほとんど南北緯で 30 度から 60 度の間にあることがわかる．実は，これらの湾は大洋に直接面していて，湾口が広く，奥にいくほど狭くなっているという特徴をもっている．世界最大の潮位差はカナダ東岸，アメリカとの国境近くにあるファンディ（Fundy）湾の湾奥でみられ，最大で 16 m にも達している．ちなみに，ファンディ湾は北緯 45 度に位置している．そのつぎに大きな潮位差がみられる場所は英仏海峡周辺である．東アジアで潮位差が大きいところは，韓国西岸でソウルのすぐ西にある仁川（インチョン）港（最大潮位

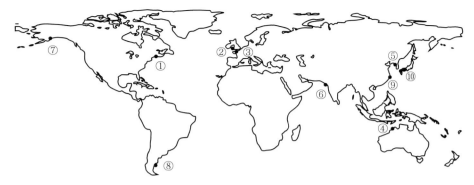

	場　　所	最大干満差[m]		場　　所	最大干満差[m]
①	カナダ東岸　ファンディ湾	16	⑥	インド西岸　カッチ湾	9
②	イギリス　ブリストル湾	14	⑦	アラスカ南岸　クック湾	8
③	フランス北岸　サンマロ湾	13	⑧	アルゼンチン　サンホセ湾	8
④	オーストラリア　キング湾	11	⑨	中国東岸　杭州湾	8
⑤	韓国西岸　仁川湾	9	⑩	九州　有明海	6

図 2.5　世界における大干満差海域

差 9 m）や，中国の杭州湾（最大潮位差 8 m）である．

IEA-OES の年次報告書によれば，世界の潮汐エネルギー量は 300 TWh/Year 以上，潮流エネルギーは 800 TWh/Year 以上であるとされている．単純計算であるが，出力 100 万 kW の原発換算で潮汐は 34 個分，潮流は 91 個分，合わせると 125 個分の電力量になる．重要なことは，これらがクリーンエネルギーであるということである．

2.2　潮汐発電の原理

2.2.1　潮汐エネルギー利用の歴史

潮汐力を生活の中で利用できないかという発想は，おそらく紀元前にさかのぼるものであるが，実際に潮汐力を利用したという記述は，1086 年のイギリスの最初の土地台帳（domesday book）の中にある潮汐水車（tide mill）がもっとも古いと考えられている．この本には，ウィリアム 1 世が英国の国勢調査のために行った土地，建物，人，家畜などに関する調査が記載されており，その中に潮汐水車も出てくる．したがって，潮汐水車は，中世から約 100 年前の産業革命まで 800 年間以上は使われて

きた由緒のある海洋エネルギー装置であるといえる．いまでもイギリスとアメリカに稼動可能な潮汐水車があり，歴史的建造物として保存されている．

　潮汐水車は，外海とダムによって囲まれた潮汐池の間に設置された．一般の河川水車とは異なって，水車の前面に設置された水門の開閉によって水量と水車の回転をコントロールする．水車と水門，粉引器など全体を覆う小屋が建てられ，潮汐水車小屋（tide mill house）とよばれていた．潮汐エネルギーの利用は，1回の干満について図2.6のように行う．まず，潮が満ちてくると水門を開けて潮汐池に海水を導き，満潮になった時点で水門を閉じる．その後，外海の水位が十分に低くなったら水門を開けて水車を回し，動力として利用する．

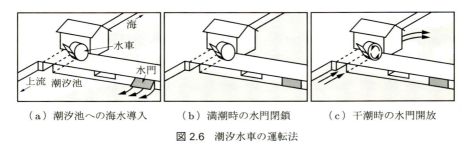

(a) 潮汐池への海水導入　　(b) 満潮時の水門閉鎖　　(c) 干潮時の水門開放

図 2.6　潮汐水車の運転法

2.2.2　潮汐発電の方法

　潮汐発電は潮汐の干満を利用するものであるが，干満による海水の動きは非常にゆっくりしていて，そのままでは利用できない．そのため，一般には海側に堰を築いて貯水池をつくり，堰の一部に水門を設けて海水の出入りをコントロールすることによって，海と貯水池の間に大きな水位差をつくる．大きな水位差は，速い水の流れを発生させ，それにより発電機を回すことが可能となる．

　潮汐発電のポテンシャルエネルギーは，次式で計算できる．

$$E = \frac{\rho}{2} g A h^2 \tag{2.1}$$

ただし，h：干満差，A：貯水池の面積，ρ：海水密度（1025 kg/m^3），g：重力加速度（9.81 m/s）である．

　例として，$h = 10$ m, $A = 9$ km^2 ($= 3$ km $\times$ 3 km) とすれば，

$$E = \frac{1025}{2} \times 9.81 \times 9 \times 10^6 \times 10^2 = 4.52 \times 10^{12} \text{ J} \tag{2.2}$$

であり，1日の間に干満が2回発生するので，1日あたりのエネルギーはこの2倍となる．そのときの平均仕事率（W_{ave}）は

$$W_{\text{ave}} = \frac{4.52 \times 10^{12} \times 2}{3600 \times 24} = 104 \times 10^6 = 104 \text{ MW} \tag{2.3}$$

となるが，実際には，水車効率，伝達効率，発電効率などを考慮して電力への変換効率を 80% とすると，

$$W_{\text{ave}} = 83.2 \text{ MW} \tag{2.4}$$

となる．

　潮汐発電の発電方式には，貯水池の数と利用する水流の方向によっていくつかの方式がある．わかりやすいのは，1 貯水池 1 方向発電方式であるが，満潮時に発電する方法と干潮時に発電する方法の二つの方法がある．韓国の始華（シファ）潮汐発電所は満潮時発電であり，カナダのアンナポリス潮汐発電所は干潮時発電である．図 2.7 は，満潮時発電の原理を示したものであるが，貯水池側を低水位に保ち，外海側が高水位になったら両者の水位差を利用して発電を行う．干潮時発電は，これとは逆に上潮時に水門を開けて貯水池に海水を入れ，満潮になったら水門を閉める．その後，干潮になるまで待って，海と貯水池の水位差が十分大きくなったら発電機の水路を開き

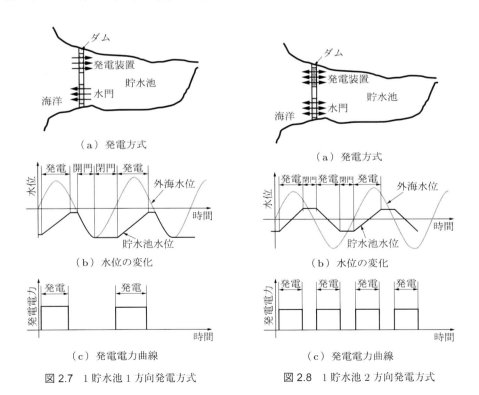

図 2.7　1 貯水池 1 方向発電方式　　　図 2.8　1 貯水池 2 方向発電方式

発電する．

　これらの1方向発電方式では，待機時間が65％と長く，稼働率が低いことが欠点となっている．この欠点を補うために考えられたのが，図2.8のような1貯水池2方向発電方式である．これは，満潮時は外海側から貯水池側に，干潮時には逆方向に水流をつくり，双方向に発電する方式である．フランスのランスや中国の江厦（ジャンシャ）潮汐発電所などがこの方式で，待機時間は50％程度に改善できる．

　さらに，1貯水池方式では稼働時間の点で限界があるということで考えられたのが，図2.9のような2貯水池方式である．この方式では，貯水池を二つつくり，一方を高貯水池，もう一方を低貯水池にする．水門の操作は以下のようにする．

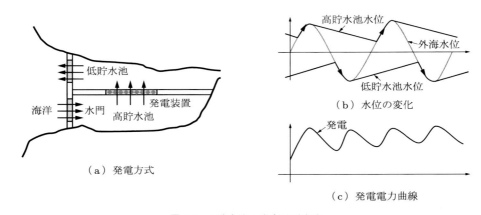

図 2.9　2貯水池1方向発電方式

① 外海の水位が高いときには，高貯水池側の水門を開けて海水を入れる
② 外海の水位が高貯水池側より下がったら，水門を閉じる
③ 外海の水位が低貯水池側より下がったら，低貯水池側の水門を開けて排水する
④ 外海の水位が低貯水池側より上がったら，低貯水池側の水門を閉める

以後，これを繰り返す．

　この方法では海水は，海→高貯水池→低貯水池→海，のように循環する．したがって，高貯水池と低貯水池の間には常に水位差があり，連続的な発電が可能になる．イギリスのブリストル海峡における潮汐発電計画では，この方式が検討された．しかし，シミュレーションの結果，総発電量は1貯水池方式のほうが大きいことがわかり，エネルギー効率の悪さと，貯水池を二つつくるための堤防建設費が大きくなるなどの欠点のため，実際に建設するまでには至っていない．ブリストル海峡の潮汐発電計画も，現在は別の案で検討されている．

2.2.3 水車の種類

かつての潮汐水車で用いられた水車は，基本的には河川水車と同じ形式で，潮位差で得られた位置エネルギーを海水の運動エネルギーに変えて水車を回転させるものであった．水車は，脱穀・製粉などの目的で石臼を回すために用いられたので，ゆっくりと回ればよかった．ところが，いまは発電のために用いられるので，状況はまったく異なっている．火力発電や原子力発電などとのコストの競争のため，少しでもエネルギー変換効率のよい水車，初期費用や維持管理費用が安い水車が求められている．

現代的な水車の形式を以下に紹介する．図 2.10(a) のバルブ式は水車と発電機が一体になったもので，フランスのランス潮汐発電所や韓国の始華潮汐発電所などにも使われている．双方向の流れに対して同じ方向の回転となるように，プロペラの羽は流れの方向に応じて根元で取付け角が変わる（ピッチ・コントロール）ようになっている．同図 (b) のリム式は，プロペラのリム（外周）に取り付けられた電磁石ローターと外周ステーターにより発電するもので，カナダのアンナポリス潮汐発電所で用いられている．同図 (c) のチューブラ式は，水車と発電機が比較的長いシャフトで連結されたものである．これらの水車の形式は，発電機の容量や収納場所の大きさなどによって最適なものが選ばれる．

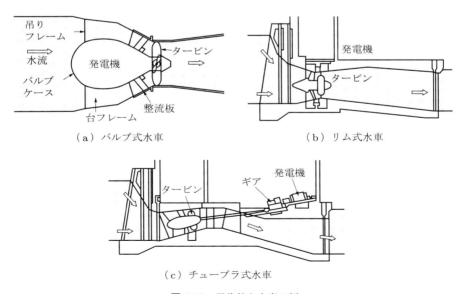

図 2.10　現代的な水車の例

2.3 稼働中の潮汐発電所

2.3.1 ランス潮汐発電所

図 2.11(a) に示すランス潮汐発電所は，英仏海峡にのぞむフランスの北西部ランス川の河口から 4 km 上流側にある．この海域の潮位差は，最大で 13.5 m，平均でも 8.5 m もあり，潮汐発電の最適地の一つである．ランス潮汐発電所は，約 25 年間の基礎的な研究を経て，1960 年に長さ 750 m，高さ 13 m の堤防工事が始まった．堤防の中央部，長さ 330 m の部分には，図 2.11(b) のような軸流タービン発電機 24 基 (10 MW) が据え付けられている．この工事を円滑に行うために，一時的に海側と貯水池側にダムをつくり，約 3 年間は完全に陸地化して工事を行った．そして，7 年後の 1967 年に完成した．

ランス潮汐発電所は，1 貯水池 2 方向発電方式である．満潮時と干潮時の両方で発電するために，直径 5.3 m のカプラン水車のタービンはピッチ・コントロール可能となっている．また，発電機は電力を与えるとモータとしても使えることを利用して，海と貯水池の潮位差が小さいときには潮位差が大きくなるようにタービンを回転さ

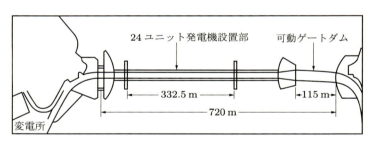

（a）全景図

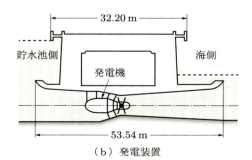

（b）発電装置

図 2.11 ランス潮汐発電所

せて，総発電量を大きくするように工夫している．このようにして，年間6億kWh，一般家庭の約25万世帯分の電力を供給している．さらに，この発電所は，年間30～40万人の観光客が訪れる観光スポットとしても有名で，地域経済へ大きな貢献をしている．

2.3.2 江厦（ジャンシャ）潮汐発電所

中国の海岸線総延長は32000 kmで，豊富な海洋エネルギー資源が存在している．開発可能な電力量は約20 GWとされているが，その多くが福建省，浙江省などのリアス式海岸に集中している．中国では，1958年から各地で小型潮汐発電所の建設が始められた．それらの中で，浙江省沙山潮汐発電所（40 kW）は現在も稼動中である．1970年代になると，浙江省の江厦（3900 kW），海山（150 kW），岳甫（75 kW），山東省白沙口（640 kW），江蘇省瀏河（150 kW）などに潮汐発電所が建設された．また，1989年には，総発電量1280 kWの縦型貫流式発電機をもつ福建省幸福洋潮汐発電所が建設された．

江厦潮汐発電所は，図2.12のような場所に，1966年から始まった干拓事業を1972年に計画変更して試験発電所として建設された．1980年に1号機（500 kW）の発電を開始し，1985年に6号機（700 kW）まで完成した．発電方式は1貯水池2方向発電方式で，直径2.5 mのバルブ式発電機によって，発電総量は3900 kWとなっている．1号機の発電開始からすでに30年以上の実績をもっており，さらに大規模な潮汐発電所の開発を計画中である．

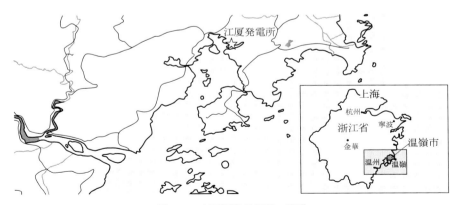

図2.12 江厦潮汐発電所の場所

2.3.3 韓国の潮汐発電所

韓国の西岸は黄海に面しており，潮位差が 8.2 m もあって潮汐発電に適している．2011 年に総出力 254 MW の世界最大の始華（シファ）潮汐発電所がオープンした．その他，図 2.13 のように，この海域ではガロリン，インチョン，チョンスの 3 か所においても潮汐発電所が計画中である．

始華潮汐発電所の全景を図 2.14 に示す．始華湖は，元々は農地と工業用地造成のために行われた干拓事業によってできた人工湖であり，長さ 12.7 km の堤防で閉め切ら

図 2.13　計画中の潮汐発電所（● で示す）

（a）全景図

（b）発電機　　　　　　　　（c）排水門

図 2.14　始華潮汐発電所全景図

れた調整池（面積 56.5 km^2）を淡水の貯水池として使用する予定であった．ところが，1994 年に堤防が閉め切られて海から切り離されると，2 年後から極端に水質が悪化してしまった．さらに，造成した工業団地から出る排水には重金属が含まれており，農業用水としては使えなくなってしまった．そのため，1997 年からは水門を開放して海水を入れて，汚水を海に出した結果，始華湖の水質は徐々に改善した．しかし，既設の水門幅は 50 m しかなかったので，新たに堤防中央付近に潮汐発電所を設け，水の出入を大幅に増やすことに計画変更した．潮汐発電プロジェクトは 2003 年から開始され，2011 年に完成した．総工費は 4 億 8700 万米ドルである．調整池側の水位を −1 m から −5 m の間でコントロールし，日量 147 百万 m^3 の海水を交流させて潮汐発電を行うことにした．発電出力は，25.4 MW の発電機 10 台で合計 254 MW である．これは，ランス潮汐発電所の発電量をしのぐもので，まさに，災い転じて一石二鳥といえるのではないだろうか．

2.4 潮汐発電と環境影響

潮汐発電では，海岸や河口の一部を堰によって閉め切る必要があるので，貯水池側では水質や水生生物への影響が懸念される．もちろん，ダムのように完全に海水の流れを止めるものではないが，貯水池側では干満差が小さくなり，海水の交換量も減少するので環境への影響は無視できないと考えられる．ランス潮汐発電所の場合にも，貯水池は建設時の 3 年間は完全に海から切り離されたため，生態系への影響は大きなものだった．しかし，潮汐発電の開始とともに海水交換が復活すると，徐々に新しい生態系が安定してき，数年後には魚も戻ってきたという．ただし，ランス潮汐発電所の建設が始まったのは 1960 年であり，環境に対する人々の意識はいまとは比べものにならないほど低かったと思われる．

イギリス，ブリストル湾の Severn 河口は，世界第 2 位の干満差があり，100 年以上も前から潮汐発電に関する多くの提案がなされたが，そのたびに莫大な建設費と周囲の海洋環境への影響が懸念されて，実現には至らなかった．しかし，地球温暖化が深刻になりつつある現在，潮汐発電の環境影響評価も変化してきた．つまり，潮汐発電をエネルギー源としてみた場合，クリーンで再生可能なので，地球環境の視点から考えると「環境にやさしい」と評価できる．イギリス政府は，2050 年における地球温暖化ガスを 80% 削減するために，2020 年までに国内のエネルギー源の 15% を再生可能エネルギーによって供給するという目標を掲げているが，Severn 河口における潮

汐発電は国内の5%の電力量を賄えると見積もられている.

　図2.15(a)および(b)は,セバーン潮汐リーフ(Severn Tidal Reef)とよばれる潮汐発電のイラストである.セバーン河口を約20 kmの開放型の堤防によって仕切り,堤防の下に図2.15(b)のような低落差発電タービンを600個設置する.タービンは直径20 mで,10 MWの定格出力とすれば,総出力は6000 MWとなる.この堤防は水面下で開放型となっており,流れを妨げないので,海の環境へのインパクトはそれほど大きくないものと予想されている.また,図2.15(a)のように複数箇所に定常的に開放された航路を設けてあり,海上交通にも配慮されている.

　セバーン河口における潮汐発電プロジェクトについては,まだ結論が出ていないが,環境的には「グローバルな環境」と「ローカルな環境」をどのように調和していくか,という議論になるものと思われる.その基準が決まれば,適切な選択が可能となるであろう.

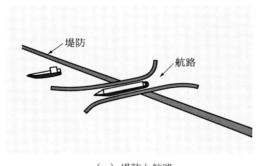
（a）堤防と航路

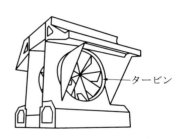
（b）直径20 mの水路と低落差タービン

図2.15　セバーン潮汐リーフ構想[5]

コラム ・・・ 佐多岬半島における潮汐発電構想

　潮汐発電のためのダムをつくることは費用と環境の面で問題が多いが,自然地形を最大限に活かすことによってそれらを軽減することが考えられる.一例として,愛媛県の佐多岬半島における潮汐発電構想について紹介しよう[6].佐多岬半島は愛媛県の西部にあり,図2.16のように豊後水道に突き出す細長い半島である.長さは約37 kmあるが,先端から約26 kmの三机付近では半島の幅はわずか0.8 km程度しかないので,南北両岸で一定以上の潮位差があれば,潮汐ダムを建設することなく潮汐発電が可能ではないかと思われる.その

ことを 2006 年に九州大学の 3 年生の課題集約演習として検討したことがあった．その方法は，伊予灘と宇和海にある複数の検潮所のデータを使って三机付近の最狭地点の両側の潮位を求め，そこに水路をつくったときに発生する流れによって発電するというものである．潮位の推定には海上保安庁水路部の「日本沿岸潮汐調和定数表」（1992 年版）のデータを用いた．その結果，潮位は伊予灘のほうが最大で約 1 m 高く，流れはほぼ一方向で伊予灘側から宇和海側に流れること，最大流速は 4.4 m/s となることなどがわかった．

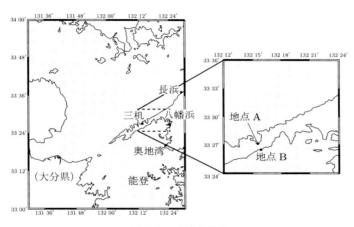

図 2.16 佐多岬半島

さらに，最短距離となる長さ約 800 m のトンネルの水路を掘ったと仮定し，水車と発電機により潮汐発電を行った場合の年間発電量を計算した．トンネルの直径を変えて，建設コストと発電した電力の売電によってコスト評価を行ったところ，トンネル等の建設に要する費用を回収するためには 100 年以上必要であるということで，事業性はないと結論した．ただし，その当時の四国電力の買取価格（円/kWh）は，昼間が 4.9 円（夏），4.4 円（その他）で，夜間は 2.2 円と低かったためもある．

この結果を 2007 年の日本船舶海洋工学会春季講演会において発表したが，2013 年になって思わぬところから電話による問合せを受けた．実は，このアイディアは地元では古くからあって，昭和 27 年（1952 年）に地元の愛媛県西宇和郡三机村から「潮流発電計画促進に関する陳情書」（http://mitukue.web.fc2.com/chouryuu.html）が作成されて検討されていた

とのことである．それによれば，三机付近において北部の伊予灘と南部の宇和海を結ぶ水路（幅22 m，水深5〜7 m）をつくれば，南北の潮位差は最大で1.76 mとなり，それによる流速は5.9 m/sになると推定した．そこで，8本の水路を開削すれば，総数36基の水車で40万kWの発電が可能であるとしていた．この計画の総工費見積りが180億円（当時）と巨額であったためもあってか，実現されなかった．しかし，自然の地形を利用して，工費を抑え，環境への影響を最少化しようという考え方は，現在にも通じるものである．

参考文献

1) English Tide Mill: http://www.elingexperience.co.uk/working-mill.html
2) 清水幸丸編著：再生可能エネルギー利用技術，第2章 自然エネルギー資源量，pp.11-40, パワー社，2005.
3) Wikipedia: http://fr.wikipedia.org/wiki/Image:Rance_tidal_power_plant.JPG
4) （社）日本海洋開発建設協会 海洋工事技術委員会：21世紀の海洋エネルギー開発技術，山海堂，2006.
5) http://www.severntidal.com/
6) 経塚雄策，三浦孝之：佐多岬半島における潮流発電のフィージビリティスタディ，日本船舶海洋工学会講演会論文集 第4号，pp.55-56，2007.

第 3 章

海流・潮流

鳴門の渦潮 (Photo by (c) Tomo.Yun)[1]

日本でもっとも潮流が速いとされているのは，鳴門の渦潮である．大潮時の最強流時には渦潮観光のために複数の船が出港し，上の写真のようなダイナミックな流れを身近にみることができる．一方，全体的な流れをみると，強い流れは海峡の中央部に集中しており，下流側だけに長く続く渦模様がみられることがわかる．このような自然の強流中に水車・発電システムを設置し，送電線を通じて電気を得るものが潮流発電である．

3.1 海の流れとエネルギー

3.1.1 海流エネルギー

海洋の海面から 1000 m 程度までの深さの海水を長時間にわたって観測すると，一般に一定の方向に流れていくことが知られており，この一定方向の流れを海流という．図 3.1 は世界の大洋における主な海流を示したもので，それぞれ固有の名前がついている．この海流あるいは表層循環流は，主には海面上を吹く風によって駆動されているが，さらには地球の自転の影響により大洋の西側の流れが強化されることに

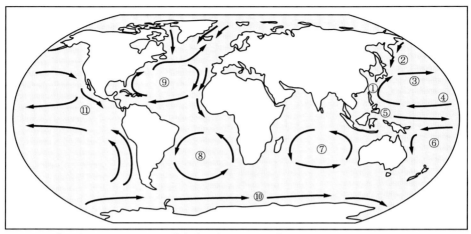

①黒潮 ⑤赤道反流 ⑨北大西洋海流
②親潮 ⑥南赤道海流 ⑩南極海流
③北太平洋海流 ⑦南インド海流 ⑪カリフォルニア海流
④北赤道海流 ⑧南大西洋海流

図 3.1　世界の主な海流 [2]

よって，北太平洋では黒潮，北大西洋ではメキシコ湾流など，大洋の西側で強い海流が発生する．

日本周辺では，黒潮のほかにも，親潮などの海流も知られているが，海流発電の立場からは黒潮だけを対象とすれば十分であろう．黒潮は，台湾の東部を通過後，東シナ海を北上して九州と奄美大島の間のトカラ海峡から太平洋に入り，日本の南岸に沿って流れ，房総半島沖を東に流れる海流である．流速は速いところでは 2 m/s 以上に達し，その強い流れは幅 100 km 以上にも及び，輸送する水の量は毎秒 5000 万トンにも達するとされている．これらの海洋情報については，海上保安庁海洋情報部から，インターネット上で海流図および海流推測図としてほぼ毎日配信されている．図 3.2 は，その一例である．

流れの運動パワー P [W] は，一般に次式によって計算される．

$$P = \frac{\rho}{2} \cdot A \cdot U^3 \tag{3.1}$$

ただし，ρ：海水密度 (kg/m^3)，A：断面積 (m^2)，U：流速 (m/s) である．

実際には，流速は時間的に変動するので，式 (3.1) では両辺の時間平均をとるべきであるが，黒潮については短周期の時間変動は無視しうるので，定常流と考えても大きな誤差にはならないと考えられる．黒潮の規模は，流量が 3000～5000 万 m^3/s，流速

図 3.2　海流図の例 (2014 年 10 月 30 日発行)[3]

が 1〜5 ノット (0.5〜2.5 m/s) である．平均流速を 0.5 m/s，流路幅を 250 km，水深を 1000 m とおいて，式 (3.1) で黒潮のパワーを計算すると，約 1600 万 kW となる．

　海流図あるいは海流推測図では，空間的にはかなり大雑把な情報しか得られない．一方，日本近海における海流の予測モデルとして，独立行政法人海洋研究開発機構地球環境フロンティア研究センター (JAMSTEC) が 2001 年から運用している数値海洋モデル JCOPE (Japan Coastal Ocean Predictability Experiment) では，水平方向には $1/12°$（約 10 km），鉛直方向には σ 座標で 45 層の分解能で流速および水温，塩分などの計算データを提供している．図 3.3 は，JCOPE による水面下 5 m における流速データから，5 年間平均流速値を求めたものである．この図から，海流の流速が 1 m/s よりも大きいのは四国から紀伊半島にかけてと，沖縄と奄美大島西方の東シナ海であること，また，津軽海峡における平均流速は 0.5 m/s を超えていて黒潮域と同等であること，などがわかる．

　黒潮は，ほぼ定常流と考えてもよいので，安定した発電が行えることが最大の利点である．そのため，過去にも多くの発電システムが提案されたが，実海域での実証実験までに至った例はない．その理由としては，一般に陸から遠いこと，さらには大水深であることがあげられる．最近になって提案されたもので有望と思われる例を一つ紹介しよう．図 3.4 は，東大，IHI，東芝などのグループによる海洋中層における浮遊式黒潮発電装置のイラスト（CG）である．この装置の特徴としては，1 対のプロペ

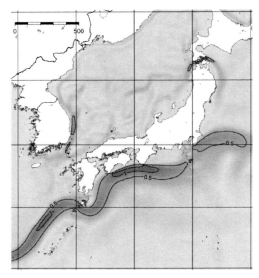

図 3.3　JCOPE による平均流速の計算値[6]

図 3.4　東大，IHI，東芝などによる浮遊式黒潮発電装置の CG[4]

ラ式タービンによってトルクバランスをとり，タービンをつなぐ水中翼の浮力および揚力と係留索のつり合いによって深度制御が可能となっていることである．この装置については，平成 23 年度の新エネルギー・産業技術総合開発機構（NEDO）の支援を受けて，基礎技術に関する研究開発が行われている．

　黒潮発電の適地については，流速が大きなことが何よりも重要であるが，その他の条件としては，水深，船の航路，陸からの距離，黒潮の蛇行なども考慮すべきである．過去の黒潮流軸変動のデータを参考にし，最終的には現地観測を行って，流速および海底地形などを確認することが必要となる．

3.1.2 潮流エネルギー

潮流は非定常流であり，地球と月および太陽の天体運動によって変化する潮汐力によって駆動される（2.1.1 項参照）．

我が国は大小多くの島々からなり，多くの瀬戸，海峡，水道がある．流れの速い瀬戸や海峡は古くから海の難所として船乗りには知られており，潮流エネルギーはそれらの瀬戸や海峡部において集中して大きくなる．とくに，潮流発電の適地は瀬戸内海以西の西日本において恵まれている．それらの潮流に関するもっとも基本的な情報は海図から得ることができる．海図は日本水路協会から発行されており，日本沿岸の約 250 の瀬戸，海峡，水道における流速，流向，水深などの情報を得ることができる．ただし，海図は元来，船舶が安全に航行できることを目的にしてつくられているので，年間最大流速などが記載されており，潮流エネルギーの計算に用いる場合には過大となる場合が多いことに注意を要する．なお，最近では，各管区の海上保安庁海洋情報部が，主要な瀬戸や海峡の潮流推算値をインターネットを通じて配信している．図 3.5 は，第六管区海上保安本部海洋情報部による，瀬戸内海における主要な 8 か所の潮流推算の例である．

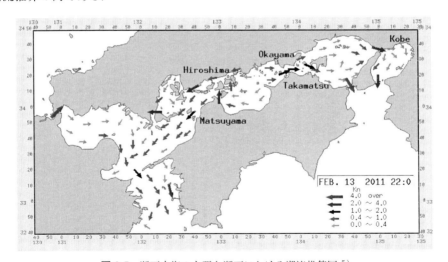

図 3.5 瀬戸内海の主要な瀬戸における潮流推算図 [5]

日本近海では，主要な潮汐力成分のうち 12 時間 25 分の M2 潮が支配的であり，平均的な潮流の変化を次式によって表現する場合も多い．

$$u(t) = U_{\max} \cdot \sin\left(\frac{2\pi}{T}t\right) \tag{3.2}$$

ただし，$U_{\max}$：最大流速，T：周期（12 時間 25 分）である．

この場合の平均流速は，半周期の平均値をとって次式で与えられる．

$$\overline{u} = \frac{2}{T} \int_0^{T/2} u(t)\,dt = \frac{2}{\pi} U_{\max} \approx 0.64 \times U_{\max} \tag{3.3}$$

また，単位断面積あたりの平均パワーについては，半周期の平均値をとって

$$\overline{P} = \frac{\rho}{2} \cdot \frac{2}{T} \int_0^{T/2} u^3(t)\,dt = \frac{2\rho}{3\pi} U_{\max}^3 \approx 0.42 \times \frac{\rho}{2} U_{\max}^3 \tag{3.4}$$

となるので，平均流速によって表現すれば，

$$\overline{P} = \frac{\pi^2 \rho}{12} \overline{u}^3 \approx 1.64 \times \frac{\rho}{2} \overline{u}^3 \tag{3.5}$$

となる．つまり，平均パワーは，最大流速で計算すればその 42% であるが，平均流速で計算すれば 164% となる．$K_s = 0.42$ とおき，さらに，大潮・小潮の変動を考慮して補正係数（$K_n = 0.57$）をかけると，式 (3.4) は次式となる．

$$\overline{P} = \frac{\rho}{2} \cdot K_s \cdot K_n \cdot U_{\max}^3 \approx 0.42 \times 0.57 \times \frac{\rho}{2} U_{\max}^3 \tag{3.6}$$

ただし，ここでの $U_{\max}$ は大潮時の最大流速をとるものとする．

考えている瀬戸あるいは海峡における全パワーの第 1 近似としては，その海峡の断面積をかければよいが，一定以上の幅がある海峡部においては，一般に流速は一様ではない．海峡部において逆流域が観察されることも珍しくないので，正確な値を知るためには，何らかの方法で海峡内の流速分布を計測することが必要である．

表 3.1 は，日本の主要な海峡における潮流エネルギー賦存量をまとめたものである．平均パワーを式 (3.6) によって計算し，海峡の断面積をかけて求めた．ただし，潮流の最大流速は海図からとられた年間最大値であり，断面積 (S) は，海峡の最小幅 (L)

表 3.1 日本の代表的な海峡の潮流エネルギー賦存量 [6]

地　点	最大流速 [m/s]	断面平均パワー [kW/m²]	海峡幅 [m]	水深 [m]	断面積 [km²]	賦存量 [MW]
鳴門海峡	5.25	17.49	600	57	0.026	455
中水道（来島海峡）	4.86	13.87	400	95	0.028	388
関門海峡	4.63	11.99	600	20	0.009	108
西水道（来島海峡）	3.81	6.68	830	60	0.037	247
針尾瀬戸	3.55	5.41	180	32	0.004	22
早崎瀬戸	3.40	4.75	3400	55	0.140	665
長島海峡	3.24	4.11	1400	73	0.077	315
津軽海峡（大間崎沖）	2.26	1.359	15600	200	2.340	3180

とその線上の最大水深 (D) を用いて台形近似して ($S = 3/4 \times L \times D$ によって) 計算したものであるので，近似的な数字である．潮流エネルギー賦存量の精度を高めるには，正確な流速と水深データが必要である．流速については，最近では，船舶搭載型超音波多層流速計（ADCP）による流速の空間分布観測，および海底設置型 ADCP による 30 日間の定点観測によって，流速の時間変動が高精度で求められるようになってきた．水深についても，最近では，船舶搭載型のナロー・マルチビームによる超音波測深技術と高精度 GPS（global positioning system）を用いて，面的に詳細な計測が可能となってきた．また，観測と並行して数値モデルによる潮流シミュレーションを実施することによって，広域で詳細な情報が得られる．ただし，一般に，潮流発電の適地は幅の狭い海峡あるいは瀬戸であるので，そこにおける水深データが重要である．現在のところ，日本の沿岸域の水深データとしては，日本海洋データセンター（JODC）の 500 m メッシュデータと，一部の海域における統合水深データ（JBIRD）があるが，これらのみでは海峡や瀬戸の地形を表現するのが困難な場合が多い．個別のケースについては，別途実測して正確な海底地形データを求める必要がある．図 3.6 は，長崎県五島における潮流計算で用いられた計算メッシュの例であり，独自の実測水深データも用いて作成された．

　潮流発電の適地は，基本的には潮流が強く，年間発電量が多いところである．それ以外に考慮すべき点としては，発電装置の設置可能な水深条件，漁業者からの賛同が得られていること，航路との競合がないこと，国定公園などの指定区域でないことなどがあるが，さらに発電コストとの絡みでいえば，陸地との距離，変電所までの距離，保守点検のための体制と設備，なども重要である．

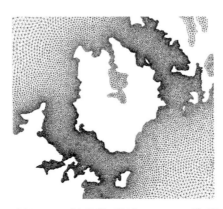

図 3.6　五島の田ノ浦瀬戸および奈留瀬戸付近のメッシュ[7]（最小 50 m メッシュ）

40　第 3 章　海流・潮流

3.2　潮流発電システム

　潮流発電と風力発電の原理は同じであるが，作動流体が海水と空気であり，密度に大きな違いがある．海水は空気の約 850 倍の密度があり，流速が同じならば 850 倍のパワーがあることになる．その他の違いとしては，風は一般に風向風速がランダムに変化するが，潮流は流向流速がほぼ定まっており，かつ精度よく予測可能であることである．この特性は潮流発電には大きなメリットであるが，設置場所が海中という厳しい環境であるため，潮流発電装置の研究開発が始まったのは 1980 年代になってからという歴史に大きな違いがある．そのため，現時点でも多くの形式，タイプの装置が提案され，テストされている段階である．

　潮流発電装置の水車の形式としては，揚力利用式，抗力利用式，混合式があり，発電装置の駆動法としては水平軸，鉛直軸，振動型などがある．それらの有力なものは現在，実海域での実証実験中であり，発電効率とともに，長期の安定性，メンテナンスの容易さなどを通じて，今後淘汰されることになると思われるが，潮流は海域によって水深，流向流速，乱れなどが違うので，最適な水車も海域ごとに異なることも予想される．ここでは，将来的に有力になると思われる形式と，現時点で実海域実験を行っている装置を中心にしていくつか紹介しよう．

3.2.1　水平軸プロペラタービン式

　この水車は風力発電と同じように，複数のローターを回転させて発電機を回すものである．まず，タービンの設置位置によっていくつかの種類に分けられる．海底の固定台に設置するもの，海中の浮遊体として中層で作動するもの，海面上の浮体に搭載されて表層で作動するものがある．潮流は，上潮・下潮によって流向が変わるので，それに応じて向きを変える（ヨー (yaw) 制御）か，向きは変えないでローターのピッチを反転させる（ピッチ (pitch) 制御）ことなどを行う必要がある．ただし，最近では，固定ピッチのローターを同軸で前後に 1 対つけて，ヨー制御しないままで潮流の流向変化に対応しようとする装置も出現している．プロペラタービン式の装置に共通するのは，海中ではローターを過度に高速回転させるとローター表面での圧力が低下し，キャビテーションとよばれる空気のわき出し現象が発生することである．キャビテーションが発生すると，タービン効率が落ちるとともに，ローターが損傷を受けるので，キャビテーションは避けなければならない．

　図 3.7 には，海底設置型の例として，川崎重工が開発中の 1 MW の潮流発電装置の

CG を示す．この装置の特徴は，ピッチ制御およびヨー制御を行うことに加えて，メンテナンス時にはタービン・ナセル部とベース部が分離可能となっていることである．

図 3.8 は，Marine Current Turbine 社が SeaGen プロジェクトにおいて開発した潮流発電装置であり，ブレード直径が 16 m の 1 対の水平軸水車で定格出力が 1.2 MW である．この装置の特徴は，海中に支柱を立てて，タービンを搭載した水平部材が稼動中は水中，メンテナンス時には空中に出るような昇降機能を備えていることであり，これによってメンテナンス経費を削減しようとしている．2008 年 5 月に 1.2 MW の発電に成功しており，もっとも実用化に近い潮流発電システムと考えられている．

図 3.9 には，浮遊式装置の例として，Scotrenewables 社の浮遊式発電装置 SR250 の空中写真を示す．船型の胴体下部に斜めに伸びた 2 本の支柱の先端に，プロペラ翼がみえる．2011 年 12 月に，船舶による曳航実験により，出力 250 kW の発電実験に

図 3.7 海底設置型潮流発電装置 [8]

図 3.8 Marine Current Turbine (SeaGen Project) [9]

図 3.9 浮遊式潮流発電装置（Scotrenewables 社の SR250）[10]

成功したとのニュースが伝えられた．

3.2.2 鉛直軸ダリウス型

この水車は回転軸が流れと直交しており，流れに対して無指向性である．したがって，ヨー制御は必要ないことが大きな利点である．潮流発電装置として最初に用いられたのは，日本大学の木方靖二教授のグループが1983年から1988年まで3期にわたって行った，来島海峡における潮流発電実験においてであった．図3.10は1987年からの第3期実験で用いられた海底設置型のダリウス型水車の概略であり，3枚の直線翼は，起動トルク対策のためにカーボンFRPで製作され，軽量化されている．水車の下に増速比1：9の増速機があり，その下に3相同期発電機（AC200 V，5 kW）がおかれた．約2年間にわたる第2期実験では，発電量の長期的な変動や海洋生物による水車への影響なども明らかにされた．この実海域実験での成功により，日本では他の研究機関でもダリウス型水車が用いられることが多かった．

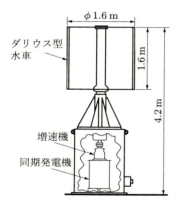

図3.10　日大のダリウス型潮流発電装置[11]　　図3.11　メッシナ海峡における浮体式ダリウス型潮流発電装置[12]

図3.11は，2001年からイタリアのメッシナ海峡において実施されている浮体式ダリウス型潮流発電システムで，浮体下部に鉛直軸のKobold水車を備えている．Kobold水車は，ピッチ変動型の直線翼水車であり，直径6 m，スパン5 mの装置で発電効率は約23%を達成している．

なお，上記の2例では，ローターとしては回転軸に平行な直線翼を用いている．一方，韓国海洋研究所（KORDI）は，ヘリカル水車（らせん翼水車あるいはGorlov水車）を用いて，韓国南西部のウルトルモク海峡において，潮流発電の実用化のための

研究開発を行っている．ヘリカル水車のメリットは，直線翼で問題となる起動トルクの角度依存性と回転中のトルク変動が軽減されることである．同海峡では最大流速が13ノット（6.5 m/s）もあり，潮流発電の最適地の一つである．2008年5月に実証実験施設を海峡内に設置し，水面貫通型の4段ヘリカル水車と定格出力500 kWの発電機を用いて実験を行っている．

3.2.3 振動翼式

図3.12は，1997年から2005年頃までイギリスで開発された"Stingray"という潮流発電装置の概略図である．潮流中で水中翼の迎角を制御し，上下方向に水中翼を振動させることによって，水中翼の梁と支柱間に取り付けた油圧ポンプを駆動し，油圧発電機によって発電するものである．Phase 3の報告書によれば，出力150 kWの実海域実験は成功裏に終了し実用化の可能性が高いと結んでいるが，実際にはそれ以上の開発は行われなかった．

これと似てはいるが，水中翼ではなく流れの中におかれた円柱後部に発生する渦を利用して，円柱を流れの直交方向に振動させる，渦励振（vortex induced vibration）発電という方法も研究されている．

図 3.12　振動翼式潮流発電装置(Stingray) [13]

3.2.4 抵抗式（サボニウス型）

上記の方法はいずれも翼にはたらく揚力を利用するものであったが，抵抗式は流れの中で物体が受ける抗力を利用する方式である．図3.13はサボニウス型水車であるが，構造としては反円弧状のバケットを回転軸から偏心させて数枚配置するものである．流れの中でバケットの抵抗が回転軸に対して異なるために回転するが，抵抗は流れとバケットの相対流速によって変化するので，回転トルクは無回転のときがもっとも大きい．バケットの形状，枚数および配置により特性が変わるが，水車効率は一般

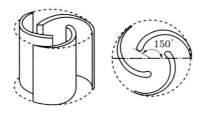

図 3.13　サボニウス型水車概略（3 バケット）

に 20% 以下であり，ほかの水車に比較して性能はよくない．ただし，流れに対して無指向性であること，起動トルクが大きなこと，構造が単純であることなどの利点があり，多用されている．また，ダリウス型水車と同軸にして混合水車としても使用されることがある．

3.2.5　その他の方式

図 3.14 は，"OpenHydro" とよばれる潮流発電装置である．その形状の特徴は，多翼ローターで構成され，その中央部が空いていることである．また，ローター先端に取り付けられた永久磁石と，それを包むダクトに内蔵されたコイルによって発電する，水車・発電機一体型の装置である．ローター中心の穴は，そこを通過する流れを減速しないので水車効率を上げる効果があり，さらに魚道ともなるという利点がある．イギリスおよびアイルランドからの研究助成を得て，欧州海洋エネルギーセンター（EMEC）での実海域実験が行われ，さらに 2009 年 11 月からは，カナダの Nova Scotia において 1 MW の実用機の実証実験が行われた．

その他の装置としては，イギリスの Lunar Energy 社の海底設置型ダクト付きプロペラ式装置，Atlantis Resource Corporation（ARC）の 2 重プロペラ式装置（AK-1000）

図 3.14　多翼ローター発電機一体型装置（OpenHydro）[14]

などがあり，実海域での実証実験を行っている．

　日本では，図 3.7 の川崎重工の装置のほか，発電出力は小さいが，(株)ノヴァエネルギーのマグロタービンや，北九州市と九州工業大学が関門海峡で実験中の 2 軸式ダリウス型装置，西日本流体技研と九州大学が長崎県生月大橋で実験した増速器付きダリウス・サボニウス型水車などの装置もある．

3.3　実用化に向けての課題

　今後の潮流発電の開発と実用化に向けてアメリカのグループが発表したロードマップ[13]では，将来的に必要となる八つのキーファクターを以下のようにまとめている．

① 発電装置の研究開発
② 安定的な発展のための政策的体制
③ 適地選定と許認可のガイドライン
④ 環境影響評価研究
⑤ 関連産業と連携したマーケット開拓
⑥ 経済財政支援策
⑦ 送電系統の統合化
⑧ 教育と労働者トレーニング

つまり，潮流発電が本当に実用化するためには，多岐にわたる課題を克服する必要があるということである．その上で，彼らは 2030 年までを三つの Phase に分けて，

- Phase-Ⅰ デモ実験から試験プロジェクト　　　100 kW〜5 MW
- Phase-Ⅱ 試験プロジェクトから小規模アレイ 5 MW〜50 MW
- Phase-Ⅲ 小規模アレイから商業規模スケール 50 MW〜100 MW

という流れで，最終的に 15 GW の設備容量を完成させるというロードマップを示している．

　潮流発電や他の海洋エネルギーの実用化のためには，実海域での発電実績と長期の安定性・信頼性を示すことが不可欠であり，そのためには実海域における研究開発の場が必要である．EMEC はその好例であり，そこでは設置バース，パワーケーブル，情報ケーブル，支援船，陸上研究室などが設備されており，海域・海況に関する情報の共有化が行われている．また，漁協や海上保安庁からの許認可なども，一定の基準をクリアすれば不要となるので，研究開発の効率化が図られる．我が国でもこのような実証フィールドの必要性が認識されて，2013 年 3 月に内閣府海洋総合政策本部か

ら「海洋再生可能エネルギー実証フィールドの要件の公表及び公募について」が発表された．その結果，2014年7月に潮流（海流）の実証フィールドとして，新潟県粟島浦村沖，佐賀県唐津市加部島沖，長崎県五島市久賀島沖および西海市江島・平島沖の4海域が選定された．これらの実証フィールドにおける実海域実験によって，潮流・海流発電技術が確立されることになるので，今後の発展が期待される．

> ### コラム ••• 海洋再生可能エネルギー実証フィールド
>
> 　潮流発電の技術的な課題は，発電システムとしての安全性・信頼性が保証されていること，20年以上と想定される耐用年数の間の発電装置の維持管理が可能なこと，海域の環境に及ぼす影響が大きくないことなどである．それらのことを実海域において実証することが重要であり，そのためのフィールドが必要となる．
>
> 　この先行例としては，EMEC (European Marine Energy Centre) があり，2003年にスコットランドのオークニー諸島に設立された（図3.15）．EMECは海洋エネルギーの中でも波浪発電と潮流発電を対象としており，それぞれフルスケールの装置と小型のスケールモデルの実験が行えるようになっている．EMEC設立後に最初に整備されたのは，波浪のフルスケールサイトであり，2004年にPalamis 750が実験を開始しているが，その後の展開においては潮流サイトのほうが設置装置の数が多く，活発である．潮流サイトは，2006年に図3.16のようにEday島でオープンし，最初に設置された装置は2008年の
>
>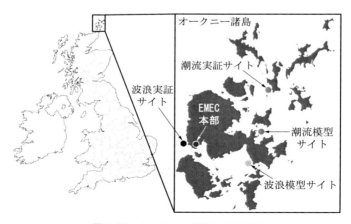
>
> 図3.15　オークニー諸島とEMEC

コラム：海洋再生可能エネルギー実証フィールド **47**

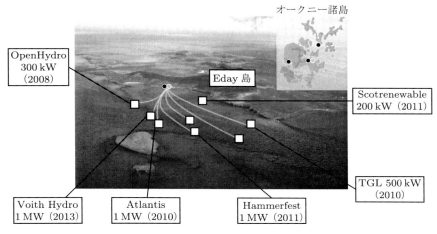

図 3.16　EMEC の潮流実証サイトと発電装置

Open Hydro であった．その後，2010 年に 3 本の海中ケーブルが新設増強されて，TGL が 500 kW の DeepGen，Atlantis が 1 MW の AR-1000 を設置した．また，2011 年には ANDRITZ HYDRO Hammerfest が HS1000 を，Scotrenewable Tidal Power Ltd が SR250 という浮体式の装置を，2012 年には TGL を買収した Alstom が，500 kW から 1 MW に大型化した DeepGen を設置した．さらには，2013 年には Voith Hydro の Hy-Tide 1 MW が加わり，現在，7 基の装置が実験中である．なお，2011 年に波浪と潮流の小型スケールモデルの実験サイトも開設されたが，ここには海中ケーブルは整備されていない．

　潮流サイトの主な施設は，地上の計測室と海中の係留点，両者をつなぐパワーケーブルと情報ケーブルである．また，超音波のショートベースラインによる位置決めシステム，超音波式多層流速計（ADCP）による流速データなど各種海洋情報も提供される．したがって，ここでの設置を認められた場合は，開発した装置だけを持ち込めば実験ができることになるが，事前に EMEC の安全基準を満たす必要があり，それほど簡単ではないようである．EMEC で実験できる装置は一定以上の性能，安全性を認められたことになり，さらに EMEC で実績を示すことができれば実用化のお墨付きをもらうことになる．つまり，EMEC は装置の認証機関としての役割も兼ねている．

2013 年に EMEC は設立 10 周年を各種イベントで祝い，この分野のトップランナーとしての地位を確実なものとした．一方，我が国の実証フィールドについては，11 年遅れで，2014 年 7 月に潮流，波浪，浮体式洋上風力，海洋温度差に対する 6 海域が選定された．今後，早期に EMEC に追い付き，追い越せるように関係機関の連携を期待したい．

参考文献

1) http://www. yunphoto.net
2) 気象庁ホームページ：
   http://www.data.kishou.go.jp/kaiyou/data/db/kaiyo/knowledge/kairyu.html
3) 海上保安庁海洋情報部ホームページ：
   http://www1.kaiho.mlit.go.jp/KANKYO/KAIYO/qboc/index.html
4) たとえば：http://www.ihi.co.jp/ihi/all-news/2011/2011-11-282/index.html
5) 第六管区海上保安本部海洋情報部：http://www1.kaiho.mlit.go.jp/KAN6/index.html
6) 新エネルギー・産業技術総合開発機構(NEDO)：海洋エネルギーポテンシャルの把握に係る業務，平成 23 年 3 月.
7) 長澤和也，経塚雄策：五島における潮流発電のコストおよび経済性評価，日本船舶海洋工学会講演会論文集 第 14 号，309-312，2012 年 5 月.
8) Hiromitsu Kiyose: Development of a tidal energy generator, Proc. of World NAOE Forum 2013, JASNAOE & RINA, Tokyo, 28-30 Oct. 2013.
9) http://www.marineturbines.com/
10) http://www.scotrenewables.com/
11) 木方靖二，塩野光弘：来島海峡におけるダリウス形水車による潮流発電，電気学会論文誌 D，Vol.112-D，No.6，1992-6.
12) G. Calcagno, A. Moroso: The Kobold marine turbine: from the testing model to the full scale prototype, Tidal Energy Summit, London, November, 2007.
13) Department of Trade and Industry, UK: Stingray Tidal Stream Energy Device – Phase 3, URN NUMBER: 05/864, 2005.
14) OpenHydro: http://www.openhydro.com/home.html
15) OCEAN RENEWABLE ENERGY COALITION: U.S. Marine and Hydrokinetic Renewable Energy Roadmap, Executive Summary, November 2011, http://www.oceanrenewable.com/

第 4 章

波 力

北斎 富嶽三十六景神奈川沖浪裏

　海辺の住民や船で海を旅する人にとって，高波は強大な力をもつものとしておそれられてきた．上の北斎の絵はその事実を見事に表現している．波から実用的なエネルギーを取り出すことは，技術者が昔から挑戦してきた困難な課題である．

4.1　海の波の要約

　海の波は波高，周期，波長ならびに波向が異なる波が時々刻々出現し，水面は時間的にも空間的にも複雑な不規則な波である．本節および次節では，このような波の基本理論とエネルギーを推定する手法を示す．

　海に限らず，川や湖，さらにはプールや浴槽でも波は起こる．すなわち，水という媒質を伝わる波が水波である．海の波は海水を媒質とし，主に海面上を吹く風によって発達する．本書では風による波の推定は扱っていないので，他書[1]を参照してほしい．

4.1.1 線形水波の概説

(1) 進行波の理論式

水面の波の形を波形という．図 4.1 は，(a) 風によって発達中の波，すなわち風波 (wind wave) と，(b) 風波が風のない海域を通過した後の波，すなわちうねり (swell) の例を示す．もっとも基本的な波形は規則的な正弦（サイン）波であり，うねりの波形がそれに近い．規則波 (regular wave) は空間的には一定の振幅と波長で，定まった方向に進む．また，時間的には一定の振幅と周期で進む．図 4.2 は波の進む方向に x 軸を，鉛直上向きに z 軸をとって，空間的に示した正弦（サイン）波である．規則波は造波機の周期的な運動で起こされる．波面下の水粒子は海面から水底まで，ほぼ楕円軌道の運動をしている．

(a) 風波（室蘭港北防波堤沖）

(b) うねり（北海道イタンキ海岸沖）

図 4.1 風波とうねりの例

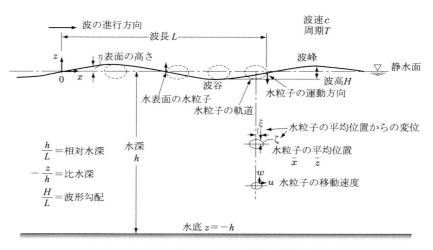

図 4.2 水波の記号と座標系

水深や波長に比べて振幅が小さい波は微小振幅波とよばれ，水の粘性抵抗などの非線形項を無視した線形の微分方程式について，その理論解が得られている．以下に，一定方向に進む波（進行波という）の線形理論解の要約を示してある．線形理論の適用範囲や非線形の波理論については，海岸工学の教科書[2]や便覧[3]などを参照してほしい．2静水面からの水面の高さの分布は波形とよばれ，図4.2に示すような正弦波の進行波の波形は次式となる．

$$\eta = a\sin\theta = \frac{H}{2} \cdot \sin k(x - ct) = \frac{H}{2} \cdot \sin(kx - \sigma t)$$
$$= \frac{H}{2}\sin(kx - 2\pi ft) = \frac{H}{2} \cdot \sin\left(\frac{2\pi x}{L} - \frac{2\pi t}{T}\right) \qquad (4.1)$$

ここで，x は波の進行方向の距離，t は時間，θ は位相角，また，波高：$H = 2a$，a：振幅，波長：$L = 2\pi/k$，k：波数周期：$T = 1/f = 2\pi/\sigma$，f：周波数，σ：角周波数，波の伝播速度（波速）：$c = L/T = \sigma/k$ である．

（2）斜め入射波

波が平面上を進行する場合は，x 軸と直角に y 軸をとって3次元的に表現する必要がある．x 軸と θ の角度をなす x' 方向に進む斜め入射の波の波形の式は次式となる．

$$\eta = a\sin(kx' - \sigma t) = a\sin(kx' - 2\pi ft)$$
$$= a\sin(kx\cos\theta + ky\sin\theta - 2\pi ft) \qquad (4.2)$$

（3）波の変形

表4.1の式は，それぞれ一定の水深を進む規則波についての理論式である．波長や波速が，周期 T と水深 h の関数になっている．浅水域に波が入射すると，波長 L と波高 H は変化し（浅水変形），斜め入射する場合は進行方向も変化する（屈折）．さらに，海底摩擦による波高の減衰や障害物があると回折したり，透過もしくは反射したりする．

① 浅水変形（wave shoaling）：水深 h が波長 L の1/2以上の波は深水波（deepwater wave）とよばれ，波長と波速 c は水深と無関係に，周期のみの関数になる．下付き符号 "$_0$" をつけた記号は，深水波の記号を意味する．また，水深が波長の1/25以下の場合は，極浅水波（shallow water wave）あるいは長波（long wave）とよばれ，波速は水深のみの関数となる．両者の中間にある波は，浅水波もしくは中間波（transitional wave）とよばれる．表4.1は，それら3種類の波の波長，波速，群速度ならびに波高の式を示している．ただし，波高 H は4.2節で後述する波のパワー（エネルギー輸送量）が深水波から浅水波まで損失なく保存されるとして導かれているものである．

表 4.1 微小振幅波理論式の要約

波の種類 波の諸性	深水深 $h/L \geqq 0.5$	浅水深（中間波） $0.5 > h/L > 0.04$	極浅水深（長波） $0.04 \geqq h/L$
波 長	$L_0 = \dfrac{gT^2}{2\pi}$	$L = \dfrac{gT^2}{2\pi} \tanh kh$	$L = T\sqrt{gh}$
波 速	$c_0 = \dfrac{gT}{2\pi}$	$c = \dfrac{gT}{2\pi} \tanh kh$	$c = \sqrt{gh}$
群速度	$c_{g,0} = \dfrac{c_0}{2} = \dfrac{gT}{4\pi}$	$c_g = \dfrac{1}{2}\left(1 + \dfrac{2kh}{\sinh 2kh}\right)c$	$c_g = c = \sqrt{gh}$
波 高	H_0	$H = \dfrac{H_0}{\tanh kh\sqrt{1 + 2kh \cdot \operatorname{cosech} 2kh}}$	$H = H_0 \left(\dfrac{gT^2}{16\pi^2 h}\right)^{1/4}$
水粒子速度 水平方向 鉛直方向	$u = \dfrac{\pi H_0}{T} e^{kz} \sin\theta$ $w = -\dfrac{\pi H_0}{T} e^{kz} \cos\theta$	$u = \dfrac{\pi H}{T} \cdot \dfrac{\cosh k(h+z)}{\sinh kh} \sin\theta$ $w = -\dfrac{\pi H}{T} \cdot \dfrac{\sinh k(h+z)}{\sinh kh} \cos\theta$	$u = \dfrac{H}{2}\sqrt{\dfrac{g}{h}} \sin\theta$ $w = -\dfrac{\pi H}{T}\left(1 + \dfrac{z}{h}\right) \cos\theta$
圧 力	$p = w_o\left(\eta\, e^{kz} - z\right)$	$p = w_o\left\{\left[\dfrac{\cosh k(h+z)}{\cosh kh}\right]\eta - z\right\}$	$p = w_o(\eta - z)$

注：h：水深，$w_o(=\rho g)$：水の単位体積重量，ρ：密度，g：重力加速度

図 4.3 は上記の理論式を，深水波長 L_0 に関する相対水深 h/L_0 を横軸にとって表したものである．

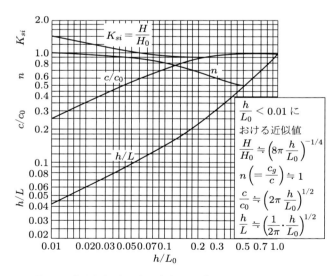

図 4.3 微小振幅波理論の浅水変形 [4]
　　　注：図中の K_{si} は本書の K_s（浅水係数）と同じ．

② 屈折（wave refraction）：屈折の影響を受ける前後の波高の比を屈折係数（refraction coefficient, K_r）という．K_r を求める一般的方法には，図式解法や数値解法がある．しかし，平行等深線の海底地形では，屈折係数 K_r と波向角 α には理論解がある．

③ 回折（wave diffraction）：波の進行方向に対して，波が島や構造物で陰になる地点に回りこむ現象を回折という．入射した波高に対する回折波高の比を回折係数といい，規則波の場合はいくつかの防波堤形状について理論解がある．

④ 海底摩擦による波高減衰：海底の摩擦による波エネルギーの損失は，砂浜海岸に大波高が来襲するような場合は無視できないが，通常は無視している．

⑤ 反射（wave reflection）と透過（wave transmission）：波の反射は通常，海岸の構造物によるものが多いが，海底勾配が 1/10 以上であれば海岸からの反射も無視できない．構造物が不透水性であれば反射が生じるのみであるが，石やコンクリートブロックからなる透過性構造物の場合は，反射のほかに透過波が生じる場合がある．直方体の透水性構造物についての反射率や透過率には，簡便な理論解[5] がある．

以上の変化をした後の進行波の波長と波速は，上述のように周期と水深の関数で与えられるが，波高は一般に次式のように表現される．

$$H = K_r \cdot K_d \cdot K_f \cdot K_t \cdot K_s \cdot H_0 \tag{4.3}$$

ただし，K_r，K_d，K_f，K_t，K_s はそれぞれ屈折係数，回折係数，海底摩擦減衰係数，透過係数ならびに浅水係数であり，それらの変形がない場合はそれぞれを 1 とおく．

$$H_0' = K_t \cdot K_d \cdot K_r \cdot K_f \cdot H_0 = \frac{H}{K_s} \tag{4.4}$$

$$\text{ここで，} K_s = 1/\tanh kh \sqrt{1 + 2kh \cdot \operatorname{cosech} 2kh}$$

とおくと，H_0' は換算沖波波高とよばれ，上述で①以外の変形を受けたとした波の仮想的な深水波の波高である．これは，2 次元の実験値を現地波の変形問題に適用する場合などに用いる．

4.1.2　海の波[6]

不規則な海面の波を調べるには，波浪計を設置して海面の変動を観測し，その記録を解析して波高，周期，波向を明らかにすることが必要である．記録から全波向を対象に個々の波の波高と周期を決める方法は，平均海面を波面が横切る点を基にしたゼロアップクロス法などがある．

1 回の観測記録（通常 10 分以上）について発生した N 個の波の波高 H と周期 T を時系列的に並べる．それから最大波高 $H_{\max}$，最小波高 $H_{\min}$，平均波高 $\overline{H}$ が定ま

54　第4章　波　力

る．それに対応する波の周期 T は，$T_{\max}$，$T_{\min}$ ならびに $\overline{T}$ となる．

以上の明解な値に加え，統計的な定義の値がある．それは $1/n$ 最大波とよばれる波である．N 個の波を波高の大きい順に並べ替えて，上位から $1/n$ 個の波の波高の平均値を波高 $H_{1/n}$ とし，周期の平均値を周期 $T_{1/n}$ とする波である．$n = 1$ の場合の波高 $H_{1/1}$ は平均波高 $\overline{H}$ である．$n = 3$ の 1/3 最大波は有義波とよばれ，海洋工学や海岸工学で広く用いられている．風波の波高分布は，ほぼレーリー（Rayleigh）分布をしている．

4.1.3　海の波のスペクトル

（1）　不規則波（random wave）の表現

波高，周期ならびに波向が異なる N 個の規則波が合成された波形は，式 (4.2) をもとに次式のように表現できる．

$$\eta(x, y, t) = \sum_{1}^{N} a_n \sin(x k_n \cos \theta_n + y k_n \sin \theta_n - 2\pi f_n t + \varepsilon_n) \qquad (4.5)$$

1点で観測した全波向の波形は，上式で $x = y = 0$ とおいて，次式となる．

$$\eta(t) = \sum_{1}^{N} a_n \sin(-2\pi f_n t + \varepsilon_n) \qquad (4.6)$$

（2）　スペクトル表示

海面の波は無数の不規則波の重なり合いとみなすと，その波形は式 (4.5)，(4.6) で $N = \infty$ とおいたものとなる．そのとき波のエネルギーが，周波数と波向にどのように分布しているかを表す関数が波のスペクトル（wave spectrum）である．すなわち，式 (4.5) の自乗平均値を下記のように表現する．

$$\overline{\eta^2} = \sum_{1}^{\infty} \frac{1}{2} a_n^2 = \int_0^{\infty} \int_{-\pi}^{\pi} S(f, \theta) \, d\theta df \qquad (4.7)$$

$S(f, \theta)$ は方向スペクトル（directional spectrum）とよばれる．また，すべての波向に関する式 (4.6) に対するスペクトルは周波数スペクトル（frequency spectrum）$S(f)$ とよばれ，次式で定義される．

$$\overline{\eta^2} = \sum_{1}^{\infty} \frac{1}{2} a_n^2 = \int_0^{\infty} S(f) \, df \qquad (4.8)$$

$S(f)$ と $S(f, \theta)$ の関係は次式である．

$$S(f) = \int_0^{2\pi} S(f, \theta) \cdot d\theta \tag{4.9}$$

有義波高 H_s とエネルギー平均周期 T_e は以下のように求められる.

$$H_s = 4m_0^{1/2} \tag{4.10}$$

$$T_e = \frac{m_{-1}}{m_0} \tag{4.11}$$

ここで, m_n は次式で定義される $S(f, \theta)$ もしくは $S(f)$ の n 次のモーメントである.

$$m_n = \int_0^\infty \int_0^{2\pi} f^n S(f, \theta) \, df \, d\theta \tag{4.12}$$

H_s は, 4.1.2 項で記した $H_{1/3}$ とは定義が異なるがほぼ同値で, やはり有義波高とよばれる.

(3) JONSWAP スペクトル

深海波の周波数スペクトル $S(f)$ は, JONSWAP スペクトルとよばれる次式である.

$$S(f) = \alpha \frac{g^2}{(2\pi)^4} \frac{1}{f^5} \exp\left\{ -1.25 \left(\frac{f_p}{f}\right)^4 \gamma^{\exp\left\{ -\frac{\left(\frac{f}{f_p}-1\right)^2}{2\sigma^2} \right\}} \right\} \tag{4.13}$$

ただし, $\gamma = $ パラメータで平均 3.30, $\alpha = 0.07\overline{x}^{-0.22}$, $\overline{x} = gx/\overline{U}^2$, $x = $ 吹送距離, $\overline{U} = $ 海面上 10 m の平均風速, $\sigma = \begin{cases} 0.07 & (f \le f_p) \\ 0.09 & (f > f_p) \end{cases}$, $f_p = 3.5(g/\overline{U})\overline{x}^{-0.33}$ である.

(4) ピアソン-モスコヴィッツ・スペクトル

式 (4.13) で $\gamma = 1$ の場合はピアソン-モスコヴィッツ (Pierson-Moskowitz) スペクトル (以下, P-M スペクトルと略称) になる. P-M スペクトルにはいくつかあり, いずれも次式の形式で表現される[7].

$$S(f) = Af^{-5} \exp\left(-Bf^{-4} \right) \tag{4.14}$$

ただし, A, B はスペクトルの種類で定まる係数である.

(5) 浅海波スペクトル

浅海波のスペクトルの数式表現については, 現段階では確立されていない. バウア (Bouwa) らはキタイゴロドスキィ (Kitaigorodski) の変換係数 $\phi(\omega_h)$ を用い, JONSWAP スペクトルが浅水波領域に進行した場合の近似式, TMA スペクトルを提案している[8].

56　第4章　波　力

4.2　波のエネルギーとパワー

4.2.1　規則波

水波の進行波の単位表面積あたりの平均エネルギー $\overline{E}$ は，位置エネルギー $\overline{E_p}$ と運動エネルギー $\overline{E_k}$ からなり，それぞれ以下のように求められる．

位置エネルギー：

$$\overline{E_p} = w_o \overline{\int_0^\eta z\,dz} = \frac{w_o}{2}\overline{\eta^2} = \frac{w_o}{16}H^2 \tag{4.15}$$

運動エネルギー：

$$\overline{E_k} = \frac{\rho}{2}\overline{\int_0^\eta (u^2 + w^2)dz} = \frac{w_o}{16}H^2 \tag{4.16}$$

全エネルギー：

$$\overline{E} = \overline{E_p} + \overline{E_k} = \frac{w_o}{8}H^2 \tag{4.17}$$

海水については，$w_o = 10.1 \text{ kN/m}^3 = 1.03 \text{ tf/m}^3$ として次式を得る．

$$\overline{E} = 1.26H^2 \text{ [kN/m]} = 0.129H^2 \text{ [tf/m]} \tag{4.18}$$

つぎに，波峰の単位幅を通過する単位時間あたりの水波のエネルギーの流れ（energy flux），すなわち単位幅あたりのパワー（power）は，単位幅の水底から水面までの仕事量として，次式のように求められる．

$$\overline{W} = \overline{\int_{-h}^\eta p \cdot u\,dz} = \frac{w_o}{16}H^2 \cdot c \cdot \left(1 + \frac{2kh}{\sinh 2kh}\right) = c_g\overline{E} \tag{4.19}$$

深水波の単位幅の波パワー $\overline{W_0}$ は，群速度が表 4.1 に示したように

$$c_{g,0} = \frac{gT}{4\pi} = \frac{g}{4\pi f} \tag{4.20}$$

であるから，次式のように求められる．

$$\overline{W_0} = \frac{w_o g H_0^2 T}{32\pi} = 0.1H_0^2 T \text{ [tf/s]} = 0.985H_0^2 T \text{ [kW/m]} \tag{4.21}$$

4.2.2 不規則波

（1）定義

不規則波の全エネルギーは，それを形成している無限数の波のエネルギーの和であるとして，式 (4.7), (4.14) ならびに式 (4.17) から次式のようにおける．

$$\overline{E_{ir}} = w_o \int_0^\infty \int_0^{2\pi} S(f,\theta) \cdot d\theta df \tag{4.22}$$

単位幅のパワーは，式 (4.19) と式 (4.22) から次式のようにおける．

$$\overline{W_{ir}} = w_o \int_0^\infty \int_0^{2\pi} S(f,\theta) \cdot c_g \, df \tag{4.23}$$

角度 θ_k を中心に幅 $\Delta\theta$ 方向から入射するパワーは，方向スペクトルを用いて，

$$\overline{W_{\theta_k,\Delta\theta}} = w_o \int_0^\infty \int_{\theta_k-(\Delta\theta/2)}^{\theta_k+(\Delta\theta/2)} S(f,\theta) \cdot c_g \, df d\theta \tag{4.24}$$

とおける．また，与えられた方向 θ_0 からのパワーは，次式で得られる [9]．

$$\overline{W_{\theta_0}} = w_o \int_0^\infty \int_0^{2\pi} S(f,\theta) \cdot c_g \cos(\theta - \theta_0) \, df d\theta \tag{4.25}$$

（2）深海波（深水波と同義語）

深海波の群速度 $c_{g,0}$ は，式 (4.20) で表されるから，エネルギー $\overline{E_{ir,0}}$ は式 (4.22) と同じであるが，深海波のパワー $\overline{W_{ir,0}}$ は次式のようにおける [6]．

$$\overline{W_{ir,0}} = \frac{w_o g}{4\pi} \int_0^\infty \int_0^{2\pi} S(f,\theta) \cdot f^{-1} \, d\theta df \tag{4.26}$$

これにより，エネルギーは，式 (4.14) で表される P‐M スペクトルでは A, B の値によらず同じ値をとるが，パワーはスペクトルの種類によって若干異なる．我が国の土木工学で主に用いられるブレットシュナイダー（Bretschneider）‐光易スペクトルの場合では，

$$\overline{W} = 0.441 H_{1/3}^2 T_{1/3} \ [\mathrm{kW/m}] \tag{4.27}$$

となる．JONSWAP スペクトルのパワーは次式で与えられ，上式より若干大きい．

$$\overline{W} = 0.458 H_{1/3}^2 T_{1/3} \ [\mathrm{kW/m}] \tag{4.28}$$

より簡略な推定式としては，式 (4.26) で，$T(= 1/f)$ を T_e とおいた次式が用いられる．

$$\overline{W} = c_g \cdot \overline{E_{ir}} = \left(\frac{gT_e}{4\pi}\right) \cdot \left[\frac{w_o H_{1/3}^2}{16}\right] = \frac{gw_o}{64\pi} \cdot H_{1/3}^2 T_e \quad (4.29)$$

したがって,海水では

$$\overline{W} = 0.492 H_{1/3}^2 T_e \approx 0.5 H_{1/3}^2 T_e \quad (4.30)$$

となる.ここで,T_e は式 (4.11) で定義されたエネルギー平均周期である.

(3) 浅海波(浅水波と同義語)

波は深海から浅海域に進むにつれ,波高が減少し,パワーが小さくなることが認められる.図 4.4 では,例として波パワー $\overline{W}$ の年平均値を,イギリスのオークニー (Orkney) 島とランズエンド (Land's End) 岬のそれぞれの沖方向についてのデータ[10]からプロットしたものである.

近藤[11),12)] は,4.1.3 項 (5) で述べた浅海波に関する TMA スペクトルによるパワーを,式 (4.31) のように導いた.

$$\overline{W} = \left(\frac{w_o}{4}\sqrt{gh}\right) \int_0^\infty \left\{ A f^{-5} \exp(-B f^{-4}) \right\} \cdot df = \frac{w_o}{16}\sqrt{gh}\left(\frac{A}{B}\right) \quad (4.31)$$

これより,深海波のパワーに対する浅海波のパワーの比は,次式のようになる.

$$\left.\begin{array}{rll}\overline{W}/\overline{W_0} &= 1.4\sqrt{\dfrac{h}{L_0}}, & \text{ただし } 0.04 < \dfrac{h}{L_0} < 0.5 \\ &= 1, & \text{ただし } \dfrac{h}{L_0} \geqq 0.5\end{array}\right\} \quad (4.32)$$

図 4.4 中の折線は,式 (4.32) による $\overline{W}/\overline{W_0}$ の推定値である.

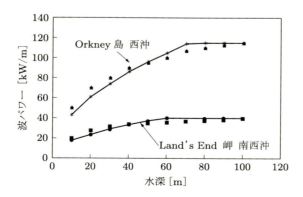

図 4.4 波パワーの岸沖方向分布の例 (UK)

浅水変形以外の影響を受けている場合は，深水波高 H_0 に替えて式 (4.4) の換算沖波波高 H_0' を用いて $\overline{W_0}$ を求めなくてはならない．

（４）　有限振幅波の波パワー

ここまでは規則波，不規則波とも微小振幅波理論に基づいている．有限振幅規則波の波パワーについては，ストークス（Stokes）の 2 次波のパワーの式をもとにした式がある [13]．

4.2.3　波パワーの賦存量

（１）　世界海域

世界の全海域の波パワーの分布は，イギリスが調べている（図 4.5）．これより，波パワーが 50 kW/m 以上の海域は欧州大西洋沖，南米大陸と豪州の南端沖の南極海である．

（２）　日本周辺海域

日本の水深 30 m 以浅の波浪観測による沿岸域の波パワーの分布は，港湾技術研究所（現港湾空港技術研究所）によるものがある（図 4.6）．これによれば，30 m 以浅での波パワーが 10 kW/m 以上の沿岸域は，静岡沖のみである．日本の周辺海域の平均波パワーについては，気象庁の 5 km メッシュの波浪実況データをもとに独立行政法人新エネルギー・産業技術総合開発機構（NEDO）が推定した分布図がある（図4.7）．この結果では，東日本の沖合太平洋では 30 kW/m 以上のパワーがある．

日本の 200 海里水域の総波パワーの賦存量については，近藤 [17] は図 4.6 のデータに，同水域内の風波の効果も加え，180 GW と推定している．前出の世界の波パワーを 5 TW とすると，日本の 200 海里水域の波パワーはその約 3.6％である．

4.2.4　波力発電適地および波入力パワーの簡易推定法

（１）　必要なデータ

① 深浅図：　　Ａ）設置予定海域を含む広域の深浅図（水深 100 m 以浅）

　　　　　　　　Ｂ）局地深浅図

② 波浪資料：　a）有義波データ（1〜2 時間毎の波高，周期，波向）の観測値から推定されたもので，観測期間は 5 年以上

　　　　　　　　b）大波浪（波高，周期，波向）の資料（対象期間過去 20 年以上）

60　第4章　波　力

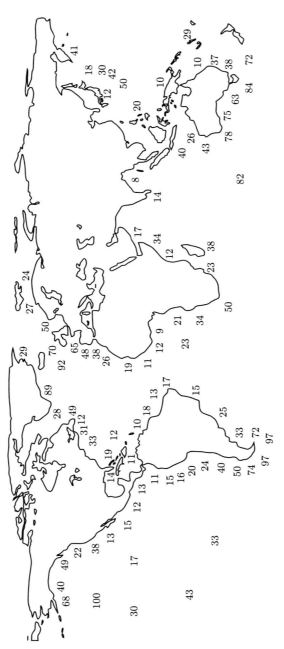

図4.5　世界の波パワー分布（単位 kW/m）[14]

4.2 波のエネルギーとパワー　61

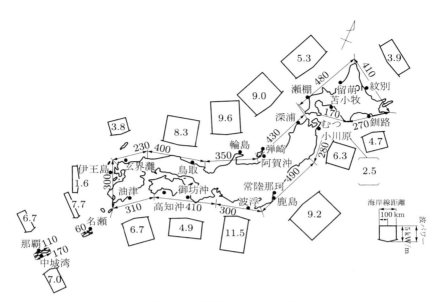

図 4.6　日本沿岸の波パワー[15]

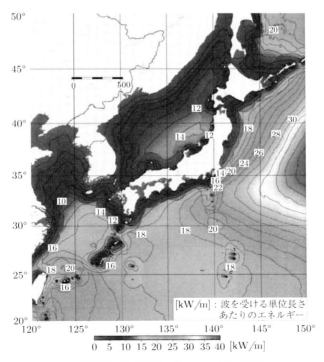

図 4.7　日本近海の波パワーの分布[16]

62　第4章　波　力

（2）　適地探索手順

① もっとも波パワーが強いとみなされる深海波向について，深海波高の出現確率が上位 10%程度の有義波（波高 H_0，周期 T）を選び，パワー $\overline{W_0}$ を式 (4.27)〜(4.29) で求める.

② 屈折図を作成して屈折係数を，また回折がある場合は回折係数を推定し，想定される範囲の水深 h における波パワー $\overline{W}$ を，4.2.2 項 (3) により求める.

波向と水深をパラメータとして $\overline{W}$ の値をプロットして，適地点を定める.

（3）　年平均利用可能波パワー P_y [kWh/m/年] の推定

以下は，(1)の波資料が，波高，周期，波向で与えられる場合についてである.

上記(2)により設置点，設置水深が定められた後に，一年間の平均の入射波パワーを推定する．それには a) の波浪観測の統計から，波高，周期を約 10 分割した H-T 表を作成する（表 4.2）．これから年平均波パワー [kW/m/年] を推定できる.

表 4.2　H-T 度数分布表（全方向，特定波向 θ_k，利用可能方向域など）

T [s] H [m]	〜 2	2 〜	3 〜	4 〜	5 〜	6 〜	7 〜	8 〜	9 〜	10 〜	11 〜	12 〜	13 〜	計
0〜0.3														
0.3〜0.5														
0.5〜1.0														
1.0〜1.5														
1.5〜2.0														
2.0〜2.5														
2.5〜3.0														
3.0〜4.0														
4.0〜5.0														
5.0 〜														
計														

　沿岸型システムでは 180 度前後の方向領域の波のみ利用可能であるから，波向 θ 別（約 22.5 度）の H-T 表をつくり，それをもとに利用可能な波向域の H-T 表を作成する.

　年平均利用可能入射波エネルギー P_y [kWh/m/年] は，利用可能波向域について，(i,j) マスの $\overline{W_{i,j}}$ を計算し，その出現度数 $n_{i,j}$ をかけた値，$n_{i,j}\overline{W_{i,j}}$ を求め，それを合計した値として算出する.

$$P_y = \sum n_{i,j}\overline{W_{i,j}} \text{ [kWh/m/年]} \tag{4.33}$$

波資料が方向スペクトル $S(f, \theta)$ で与えられる場合は，式 (4.33) で任意の方向 θ_k からのパワー $\overline{W_{\theta_k}}$ を求めることができる．

（4）取得エネルギー量の推定

海上の設置位置が決まり，変換システムの種類と規模（延長など）が決まると，(3) で得られた入力パワーを $\overline{W}$ [kW/m]，および以下の節で述べられる発電までシステムの総合吸収係数を $\eta_{i,j}$，稼働率を $r_{i,j}$ とすると，長さ B [m] のシステムの年平均取得パワー量 $P_{y,a}$ [kWh] が次式で推定できる．

$$P_{y,a} = \sum n_{i,j} \left(\overline{W_{i,j}} \cdot \eta_{i,j} \cdot r_{i,j} \right) B \ [\text{kWh/m/年}] \tag{4.34}$$

4.3　エネルギー変換システム

海の波がもつパワーを，電気パワーや熱パワー等に変換して有効利用する方法が提案されている．主な利用法は，波パワーを電気パワーに変換する波力発電システムである．波力発電システムでは，一次変換→二次変換→送電→電力利用，の順で，エネルギーが変換され利用される．一次変換では，波パワーを空気パワーや可動物体のもつパワー等に変換する．この変換効率は一次変換効率とよばれる．二次変換では，一次変換で得られたパワーを，整流，増速，原動機・発電機による発電，貯蔵・平滑化の各過程を通じて，陸上で利用しやすい電気パワーに変換する．この変換効率は二次変換効率とよばれる．波パワーから電気パワーへの変換効率は，発電効率として定義される．

4.3.1　発電方式 [18)～22)]

図 4.8 に示すように，現在まで提案された主なエネルギー変換システムは，発電方式により，振動水柱型（oscillating water column: OWC），可動物体型（moving body type），越波型（overtopping type）の三つに大別される．これらの装置は，海岸線，水深が浅い沿岸域，および水深が深い沖合域に設置される．沿岸域や沖合に設置される装置には，海底固定型や水面に浮かんだ浮体型がある．浮体型の場合，装置の定点保持のために，装置はチェーンやワイヤ等で係留される．

（1）振動水柱型

振動水柱型装置は，装置内に，外部大気への空気の出入りを可能にした空気室を設け，空気室内の海面の上下動によって生じる空気の振動流を用いて空気タービンを回

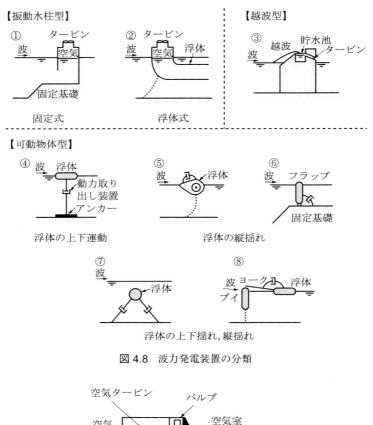

図 4.8 波力発電装置の分類

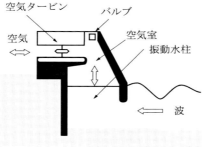

図 4.9 固定式の振動水柱型装置

転させ，連結された発電機で発電する（図 4.9）．沿岸に固定した固定型，海上に浮かんだ浮体型がある．台風等の異常波浪時には，空気室内の空気を大気解放することにより過大な空気圧力を抑えることができ，装置の安全性を確保できるため，我が国では多くの研究がなされている．空気パワーから電気パワーへの変換効率が二次変換効率である．空気パワーからタービンパワーへの変換効率をタービン効率とよぶ．

振動水柱型波力発電装置の power take-off（動力取り出し装置）システムには，一般に，空気タービンが用いられる．空気室内の水面は上下動するため，空気流は振動することになる．このため，空気流を弁機構（または水弁）により整流して在来のタービンを用いる方法と，往復気流において常に同じ方向に回転する特殊なタービンを用いる無弁式がある．

1) 弁機構を有する空気タービン[24)]

弁機構をもつ空気タービンは，商用化されている波力発電機能をもつ航路標識ブイに用いられている．この方式では，4枚の弁により往復気流を整流するため在来のタービンが利用できるが，大型化が課題とされ，現在では，無弁式タービンが主流となっている．

2) 無弁式空気タービン[24)]

無弁式の空気タービンには，ウェルズタービンと衝動型タービンがある．

① ウェルズタービン

ウェルズタービン（図 4.10）は，ハブに対称翼を取付角 0 度で取り付けただけの単純構造を有するタービンで，一般的にはタービン前後に案内羽根を設置したものが多く採用されている．この対称翼には，水面の上下変位によって生じる上下方向の気流とタービンの回転によって生じる流入空気流の合成ベクトルとして，迎え角をもつ気流が流入することになる．このため，この翼には揚力と抗力が発生するが，この揚力と抗力の二つの力の水平方向成分の合力は，水面の上下動にともなう往復流の方向にかかわらず，常に，翼の後縁から前縁に向かう方向にはたらくため，タービンは往復気流に対して，常に同一方向に回転することとなる．ウェルズタービンは，単純な構造で，振動する空気流中でも同方向に高速回転するために，発電機も小型にでき，多くのプロジェクトで用いられている．しかし，従来のタービンに比べて効率が低く，

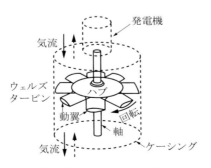

図 4.10　ウェルズタービン

高出力時に騒音が起きる等の難点がある．また，流れの状態によっては，動翼に失速が生じる場合もある．

② 衝動型タービン

衝動型タービンは一方向流で回転するので，図 4.11 に示すように，動翼の前後（上流側と下流側）に案内羽根を設置することにより，往復気流の中でも一方向に回転する案内羽根を有するタービンが開発されている．広範囲の流量変化に対して高効率を実現した自己可変ピッチ案内羽根を有する衝動タービンの平均出力は，ウェルズタービンの 3 倍以上との実海域試験結果が得られているが，案内羽根が回転する機構をもつため可動部の保守が必要となる．固定案内羽根を有する衝動タービンは，広範囲の流量変化にも対応でき，回転速度がウェルズタービンの 1/3 程度と低いという利点をもつ．実海域試験から，このタービンの入力波浪パワーに対する出力がウェルズタービンの 2 倍以上であることが示されている．

図 4.12 に，ウェルズタービンと衝動タービンに関する風洞試験の性能比較を示す．

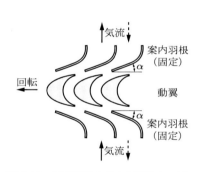

図 4.11　案内羽根を有する衝動タービン

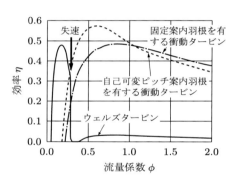

図 4.12　風洞試験によるタービンの性能比較

（2）可動物体型

可動物体型の装置は，波によって振動する物体に動力取り出し装置を取り付け発電する装置である．水面に浮かんだ浮体形式と水中に完全に没水した形式とがある．

浮体形式には，単一浮体の鉛直運動や回転運動を利用する形式と複数浮体の相対運動を利用する形式がある．完全没水形式では，物体の鉛直運動や回転運動を利用する．

可動物体型の動力取り出し装置としては，従来，油圧が用いられてきたが，近年ではジャイロ式，リニア発電機を用いた直接駆動方式，人工筋肉発電や圧電素子を用いる方法等，新しい方法も提案されている．

1) 油圧システム[20]

高圧の油圧を用いて，波によって可動する物体の運動エネルギーを油圧エネルギーに変換し，油圧モータを回転させ，直結した発電機で発電する（図4.13）．

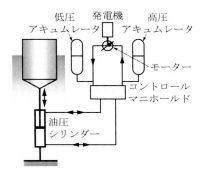

図4.13 油圧システム

このシステムの利点としては，主につぎの二つがあげられる．①波により生じたゆっくりとした物体の並進・回転運動によるエネルギーを，油圧エネルギーへ変換することが容易である．このためさまざまな装置への対応が容易である．②少ない油量で高圧のパワーレベルの操作ができるため，さまざまな入力パワーに対応できる．また，油圧回路にガス蓄圧器を設置することにより，エネルギーの貯蔵や平滑化が可能である．このため，時々刻々，周期と波高が不規則に変化する波に対応して，コンピュータ制御を行うことにより装置全体の最適化が可能である．

油圧システムは，多くの分野で安全で信頼性の高い方法と認識されているが，波力発電装置に用いる場合の注意点としては，つぎの三つのようなことがある．①油の装置外部への漏れと，海水の装置内部への侵入を防ぐシール対策．②油圧ポンプの駆動部の運動は「超低速・大作用力」の組み合わせである．運動伝達部にリンク・ピンなどの機構が含まれる場合は，その伝達機構にはたらく外力も強大になることから，機構部に疲労損傷や摩耗損傷を招きやすい．これらは，とくに，シリンダーポンプを用いる場合に発生しやすい．③現存する回転式油圧ポンプは，波によって生じる非常に低い角速度で十分なトルクを得ることが難しい．

2) ジャイロ式発電[25]

円板を回転させておき，これに傾き速度を与えると，傾き速度を与えた軸に直角に大きなモーメントが発生する．これがジャイロモーメントである．このモーメントの大きさは，円板の極慣性モーメントの大きさ，円板の角速度，与えた傾き速度に比例

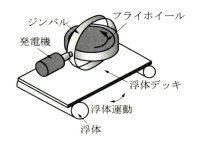

図 4.14　ジャイロ式波力発電 [25]

する．神吉ほか [25] によって提案された浮体式のジャイロ式波力発電装置は，図 4.14 に示すように，浮体上にジャイロスコープを搭載している．ジンバルによって支持されたフライホイール（円板）が高速で回転している．ジンバルは直接，発電機に連結されている．波によって浮体が横揺れ，縦揺れ等の回転運動をすると，フライホイールにジャイロモーメントが発生して，ジンバルと発電機を回転させ，発電する．

3) リニア発電機を用いた直接駆動方式

リニア発電機の直接駆動方式で発電する装置の提案も増えてきている．図 4.15 は，スウェーデンのウプサラ大学で開発中の装置である [26]．静止したスタータの内部に，ブイに連結され上下方向にスライドするトランスレータが設置されている．トランスレータは極が交互に変化して列をなす永久磁石で覆われ，スタータには導線が多重に巻かれている．トランスレータの運動にともない，ファラデーの電磁誘導法則に従って，起電力が生じる．トランスレータとスタータの間には隙間があるので，この部分でエネルギーロスが生じないという利点があるが，リニア発電機は低速で運動するので，高速で回転する発電機と同等の出力を出すためには，比較的規模の大きなものとなる．

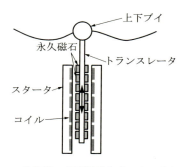

図 4.15　リニア発電機の直接駆動方式による波力発電の原理図

4) 誘電性エラストマーの利用

（株）HYPER DRIVE と SRI International は，誘電型ポリマーを 2 枚の薄い板状の電極で挟んだ構造をもつ誘電性エラストマーを用いた人工筋肉（EPAM: electroactive polymer artificial muscle）を，波力発電の動力取り出し装置に適用した[28]．EPAMに何らかの機械的エネルギーを加え伸張させると，厚さ方向が薄くなり面積が拡大（静電容量の増加）し，静電エネルギーがポリマー上に発生し電荷として蓄えられる．機械的エネルギーが減少すると，EPAM自体の弾力により厚さ方向が厚くなり，面積が縮小（静電容量の減少）する．このとき，電荷は電極方向へ押し出され発電する．このように EPAM は，機械的エネルギーにより静電容量が変化する一種の可変容量コンデンサーと考えることができる．波力発電としては，浮体上に積層させたEPAMを設置して，浮体の動揺にともなう EPAM の変形を利用して発電する（図 4.16）．

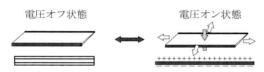

図 4.16　誘電性エラストマーの原理[29]

5) 圧電素子の利用

圧電素子に力を加えると素子内部で分極が起こり，浮遊電荷が発生し，素子から力が解放されると，その電荷が放出され電流が発生する．シリコンシートと高分子圧電フィルムを構成単位として，これを積層させた弾性圧電デバイスが提案されている[27]．

(3) 越波型

越波型装置には，固定型と浮体型があるが，いずれも，傾斜堤を用いて波を遡上・越波させ，遊水槽に海水を貯えた後，遊水槽と周囲海域の水位差を利用して水車を回し，発電する．水車としては，低落差用のカプラン水車が適している（図 4.17）．

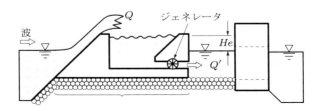

図 4.17　低天端越流防波堤（基本原理）

70 第4章 波 力

4.3.2 エネルギーの貯蔵・平滑化・伝送 [18)]

時間的に変動する波のエネルギーを何らかの形で貯蔵しておき，その出力エネルギーを一定にして供給する機能が必要である．機械的なものとしてフライホイール，液体用アキュムレーター，圧縮性がありエネルギー蓄積が比較的容易といわれる気体では，高圧タンクなどが考えられる．

波力発電装置は，通常，海あるいは海岸近くに設置されるため，何らかの形で取り出された波浪エネルギーは陸上に伝送されなければならない．伝送には，電気，高圧流体などの形態があり，ケーブルやパイプライン等によって陸上に運ばれる．

4.4   技術開発の歴史

4.4.1 海外の開発の歴史 [18)~20),31),32)]

海外の波力発電の研究は，1970 年代のオイルショックを機に，ノルウェーやイギリスを中心に始められた．この初期の研究の多くは，政府の基金に基づいて，装置の原理等の研究を主体に，大型の火力発電所級（100 万 kW 級）の大規模な波力発電所を目指していた．主な研究としては以下のようなものがある．

（1） 固定式の振動水柱型装置

ノルウェーの電力会社 Kvaerner-Brug A/S は，定格出力 500 kW の固定式振動水柱型波力発電装置をベルゲンの近くの海岸に設置した（図 4.18）．この装置には，ウェルズタービンが取り付けられている．また，海岸の岩場を掘削して陸側に少し入り込んだ位置に設置されている．このため，この装置では，水室内の振動水柱の共振に加えて，装置前面の部分閉鎖海域での副振動効果による水面の共振現象を利用する（多重共振型）ことができるため，発電量の増大が期待された（1985~1988）[33)]．

イギリスのクイーンズ大学は，スコットランドの Islay 島で，ウェルズタービンを取り付けた 75 kW の沿岸固定式振動水柱型波力発電装置を建設し，断続的に電力をローカルグリッドに供給した（1989~1999）[34)]．

インドの IIT マドラスは，カルカッタの南の防波堤に，水室前面の開口部を挟む両側に平行な鉛直側壁を設置して，水室内の振動水柱の共振に加えて，鉛直平行平板による副振動効果による水面の共振現象を利用する多重共振型の 150 kW 波力発電装置を建設した（図 4.19）．ウェルズタービンをもつこの装置では，変動する荷重の中で

4.4 技術開発の歴史　71

図 4.18　Kvaerner OWC 装置[33]

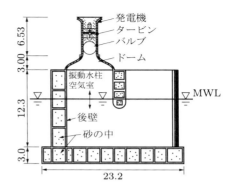

図 4.19　インドの OWC 装置（単位：m）[35]

の発電効率を上げるために，回転かご型誘導発電機の代わりに，スリップリング可変速同期発電機が用いられている[35].

スコットランドの Wavegen 社は，海底設置型の振動水柱型装置 "OSPREY" を開発した．この装置は，水室前面の開口部を挟む両側に，鋼製の三角錐状集波装置をもっている．また，ウェルズタービンが設置されている．幅 20 m，長さ 44 m の装置が製作されたが，スコットランドの Thurso 近くの海域に設置された後すぐに，ハリケーン Felix のために壊れている[36].

（2）可動物体型装置

エジンバラ大学では，Salter Duck（ソルターダック）が開発された．これは，長い円柱（スパイン）の周りに多数のアヒルの形状をしたダック浮体を，波向きと直角方向に設置し，スパインとダックの相対的な回転運動からエネルギーを取り出す装置である（図 4.20）．動力取り出し装置としては，当初，水力タービンが提案されたが，改良タイプとして，ダック浮体の前方部分に設置されたジャイロシステムが提案された[37].

図 4.20　Salter Duck[37]

ブリストル大学では，Oscillating Cylinder とよばれる可動物体型装置の研究がなされた．これは，水面と平行に没水させた円柱浮体を係留し，この浮体が波浪により運動する力を係留系に内蔵したポンプシステムを利用して取り出し，ポンプで発生する高圧水を 1 か所に集め，ペルトン水車を用いて発電する（図 4.21）．

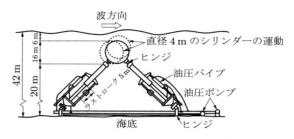

図 4.21 ブリストル大学の装置 [38]

スウェーデンの Tchnoocean 社ほかによって開発されたホースポンプ式波力発電装置では，水面に浮かんだブイに連結した鉛直ゴムチューブ管の下端が，海底に水平に固定され，陸上まで伸びたホースに連結されている [39]．チューブの中には海水が満たされているため，ブイの上下運動にともない，ゴムは伸縮する．このため，チューブ内の海水は逆止弁を設置した海底のホースを通り，陸上の貯水タンクへ押し出される．発電にはペルトン水車が用いられる．このシステムは，実海域実験までには至っていない．

スウェーデンの Interproject Service 社は，Vinga 沖で IPS ブイの実験を行った（1980～1981）[40]．この装置は，ブイとその下に設置され，両端部が開放された長いチューブから構成される（図 4.22）．チューブの中のピストンは，ブイの中の油圧を用いた動力取り出し装置に連結されている．ピストンの上下動とチューブ内の水の相

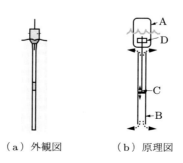

（a）外観図　　（b）原理図

図 4.22 IPS ブイの概念図 [41]

互運動によって波のエネルギーを取り出す．また，この形式の発展型として，傾斜したブイ型も提案されている．

(3) 越波型

ノルウェーのノルウェーブ社が Toftestallen で実施した 350 kw 狭水路発電装置 TAPCHAN は，越波型の波力発電装置である（図 4.23，1985～1991）．狭くなる水路で波高を増幅して，背後の貯水池に海水を貯め，その水位差を利用して低落差カプラン水車を回して発電する．この装置は，1991 年から停止している[31),42)]．

図 4.23　越波型波力発電 TAPCHAN

上記を含めた研究が行われたが，装置の経済的な面での克服ができず，商用レベル装置の開発までは至らなかった．また，1983 年以降のエネルギー危機の緩和の影響もあり，その後，波力発電の研究は縮小した．

4.4.2　我が国の開発の歴史 [43),44),45)]

我が国における波力発電の研究開発も，海外と同じく，1970 年代のオイルショックを機に始められた．我が国では，このうち，振動水柱型と可動物体型の波力発電装置に関する開発が主に行われている．中でも振動水柱型については，沿岸に固定した固定型，海上に浮かべた浮体型に関して多くの研究がある．しかし，波力発電装置で実用化されているものは極めて少ない．1965 年に海上保安庁に採用された益田式航路標識用ブイは，最初に実用化された浮体式の振動水柱型装置で，最大出力が 30～60 W の小型のものがほとんどであるが，世界で広く用いられている（図 4.24）[45)]．この航路標識ブイの発明者である益田善雄氏は，"波力発電の父" として海外で名高い[18)]．

振動水柱型，可動物体型について，実海域実験が行われたものとして，以下のものがある．

74   第4章 波 力

図 4.24 航路標識用波力発電装置
(写真提供：(株)緑星社)

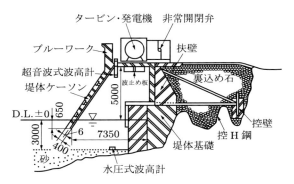

図 4.25 沿岸固定式 OWC

(1) 固定式の振動水柱型装置

新技術開発事業団ほかは，山形県三瀬海岸で沿岸固定式波力発電システムの実験を行った．ウェルズタービンを発電機の両側に2基設置したタンデム配置としている．冬期間の平均出力として約 11.3 kW を得ている（図 4.25，1983〜1984）．

大成建設(株)は，新潟県寝屋漁港で波力利用熱回収システムの実験を行っている．二次変換装置は，ウェルズタービン，発熱装置から構成され，波エネルギーを熱エネルギーとして回収するものである．実験の結果，最終効率は 12〜30%，取得エネルギーは 10〜30 kW/10m が得られている（図 4.26，1986〜1987）．

(財)エンジニアリング振興協会ほかは，千葉県片貝海岸で消波工型定圧化タンク方式波力発電システムの実験を行っている（図 4.27，1987〜1996）．この装置では，複数の空気室で得られた圧縮空気を定圧化タンクに集め，変動性を平滑化した後に空気タービン発電機に送るシステムを採用している．

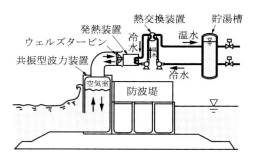

図 4.26 波力利用熱回収システム

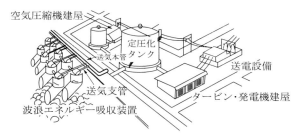

図 4.27 定圧化タンク方式波力発電

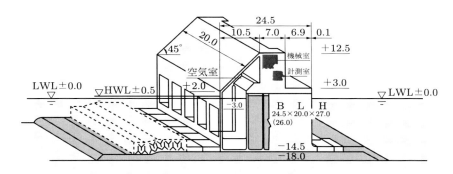

図 4.28 波力発電防波堤

運輸省第一港湾建設局と港湾技術研究所が山形県酒田港北防波堤で行った波力発電ケーソン防波堤（図4.28，1998～1999）は，混成防波堤やケーソン式護岸として用いることができるように，空気室をケーソンと一体化したものである．発電効率に関して，理論と実験も含めた詳細な検討が行われ，装置の設計手法が提案されている[46]．

東北電力(株)は，福島県原町火力発電所南防波堤で水弁集約式波力発電システムの実験を行った（図4.29，1996～2000）．この装置では，複数個の振動水柱型の波力エネルギー変換装置で得られる往復の空気流を，水頭差を利用して封かんする水弁装置を用いて整流すると共に，平滑化し集約するシステムを備えている．

(2) 浮体式の振動水柱型装置

海洋科学技術センターは，山形県由良沖で浮体式波力発電装置「海明」の実験を行った（図4.30，1978～1980，1985～1986）．全長80m，幅12mの船型浮体に13個の空気室が設置されている．空気室は入射波の進行方向に沿って配置されている．

また，同センターは，三重県五カ所湾沖で浮体型波力発電装置「マイティーホエール」の実験を行った（図4.31，1998～2003）．全長50m，幅30mの船首部の幅方向

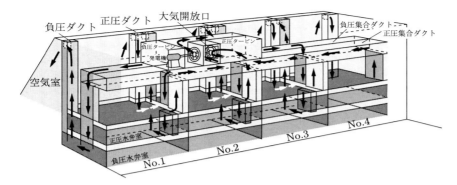

図 4.29　水弁集約式波力発電システム（提供：東北電力）

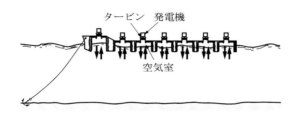

図 4.30　波力発電装置「海明」（協力：JAMSTEC）

図 4.31　マイティーホエール

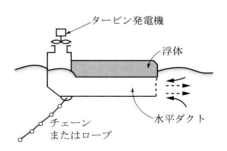

図 4.32　後ろ曲げダクトブイ

に 3 個の空気室が設置され，タンデム型のウェルズタービンに直結された発電機で発電する．詳細な検討が行われ，報告書も示されている[47]．

　(株)メカニカルプラネットほかは，山形県由良沖と愛知県三河湾で，益田によって提案された "後ろ曲げダクトブイ" の実験を行った（図 4.32）．この装置は，空気室のダクトが，波に対して後向きに L 字形に曲げられたブイ形式の装置である．特定の周波数

帯で波上側に微速前進する特性があるので，係留コストを低減できる利点がある[45]．

（3） 可動物体型装置

日本造船振興財団海洋環境研究所は，沖縄県八重山郡竹富町西表船浮湾サバ崎沖に浮体式波浪発電装置「海陽」を設置して実験を行った（図 4.33，1984〜1988）．この装置では，浮体の回転運動をリンク機構で，海洋固定構造物上のアクチュエータに伝達し，油圧に変換した後，油圧モータを経て交流発電機を駆動させる．異常海象時には構造物全体がジャッキアップする．

室蘭工業大学は，室蘭港外防波堤沖で，振り子式波力発電装置の実験を行った（図 4.34，1983〜2000）．上端にヒンジをもつ振り子板の運動は，油圧システムを介して，油圧モータを経て交流発電機を駆動させる．その研究成果が成書としてまとめられている[21]．なお，図 4.34 のようにロータリベーンポンプと振り子板を一体化したシステムは，Pendulor と呼称されている．

有義波高や有義周期の波浪条件がよい場合における発電の総合効率は，代表的な装置である，波力発電ケーソン防波堤がおおよそ 10〜20%，マイティーホエールが 13〜15%，振り子式波力発電装置が 40〜50% と報告されている．

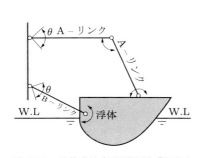

図 4.33　浮体式波力発電装置「海陽」

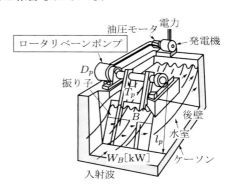

図 4.34　振り子式波力発電装置

4.5　技術開発の現況 [18)〜20,31,48)〜50)]

この節では，現在進行中のものを紹介する．

4.5.1　海外の開発の現況

ヨーロッパを中心とした海外での波力発電装置の開発は，1983 年以降のエネルギー危機の緩和にともなう波力発電の研究縮小期を経た後，1990 年の半ばから復活してい

る．これは，1991年に欧州委員会が，波浪エネルギーを今後開発すべき再生可能エネルギーの一つと位置づけたことにより，波力発電に関する研究ファンドの拡充等，研究開発環境が劇的に改善したことによるとされている．この時期からの開発は，以前の反省を踏まえ，目標とする装置の規模を最大で2 MWと小規模なものにして，開発の主体も小規模な会社が担当している．このような波力発電装置の開発の復活は，ヨーロッパ等では，日本に比べ，波エネルギー密度が高いために波力発電装置への期待が高く，多くのベンチャー企業が波力発電装置の開発に参入しているためと思われる．この流れは近年も続いており，波力発電装置の開発は世界的なブームとなっている．このような動きに合わせ，装置の実際の海域での発電性能を評価するための実海域実験場も多数整備されてきている．また，波力発電に関する国際標準化・規格化作業も進められている．

近年，実海域で実験が行われた代表的な装置としては，以下のようなものがある．この中には，商用発電を行っている装置もある．

（1） 振動水柱型装置

沿岸固定式波浪発電装置（LIMPET）は，イギリスのWavegen社がクイーンズ大学の協力を得て開発したもので，スコットランドのIslay島に建設され，500 kWの世界初の産業用発電を行った．この開発は，クイーンズ大学が，1985〜1988年にIslay島で行った固定式の振動水柱型波力発電装置の研究成果を取り入れている．水平軸をもつ250 kWのウェルズタービン2機が直列に位置され，それぞれのタービンは逆方向に回転する．装置の全幅は21 mで，水室は，幅方向には6 m幅の三つに分割され，奥行方向には水平面から40°の傾斜をもっている．実測された発電効率は8％と報告されている（図4.35，2000〜現在）[51]．

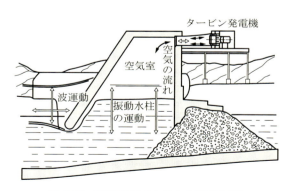

図 4.35　LIMPETのシステム断面図 [23]

ポルトガルのアゾレス諸島の Pico 島では，400 kW の沿岸固定式波力発電装置が 1999 年に建設された．装置の幅は 12 m で，固定ピッチ翼と案内羽根を有するウェルズタービンが設置されている．この装置は，建設後，タービンの振動や発電機等のトラブルのため，連続運転は行われていない．2010 年の 9 月からの 4 か月の間に，45 MWh，1450 世帯分の電力を供給している[52]．

スペイン北部の Mutriku 港では，長さ 440 m の新規防波堤を建設するにあたって，その中央部約 100 m の防波堤部分に，振動水柱型波力発電装置が設置され，2011 年 7 月に商用発電を開始した（図 4.36）．高さ 3.2 m，幅 4 m の空気室が 16 室設置され，それぞれの空気室に対応して，固定ピッチのウェルズタービンと出力 18.5 kW の発電機が設置され，総出力は 296 kW で，250 世帯分の電力に対応している．この波力発電装置建設には，Wavegen 社の LIMPET 建設の技術が生かされている[53]．

図 4.36　Mutriku 港の波力発電装置[54]

オーストラリアの Oceanlinx 社は，海岸設置型の振動水柱型装置を開発した．これはパラボラアンテナ型の集波装置を備えている．長さ 36 m，幅 35 m の 300 kW 装置の実海域実験が，New South Wales，Kembla 港の 200 m 沖合の海域で行われた[55]．

また，浮体型の振動水柱型装置も提案されている．アイルランドの Ocean Energy 社は，益田によって提案された浮体型振動水柱型波力発電装置 "後ろ曲げダクトブイ（商標は OE-Buoy）" の 1/4 模型（長さ 12 m，幅 6 m，喫水 3 m）に関する実海域実験を 2011 年に行っている．可変ピッチ案内羽根を用いた衝動タービンを用いて，タービン効率を上げている[56]．

(2) 可動物体型装置

近年開発中の可動物体型には，さまざまな形式がある．

1) 単独ブイの鉛直運動利用型

単一浮体の鉛直運動を利用する装置としては，図 4.15 に示したウプサラ大学の波力発電装置がある．これは，上下方向に運動する単一浮体を用いるもので，リニア発電機を用いて発電する．直径 3 m の円柱型ブイをもつ装置がスウェーデンの西海岸に設置された[57]．このように，長さ幅比が 1 に近い 3 次元形状の装置は，point absorber とよばれる．

2) 2 個のブイの鉛直運動利用型

単一浮体を用いる波力発電装置は，潮位変化への対応に課題点がある．このため，二つの浮体の相対運動を利用する装置が提案されている（図 4.37）．アメリカのオレゴン州立大学で開発された装置は，海底から一本の係留策で緊張係留された細長いスパー型ブイを中心軸にして，水面にある円形の平面形状をもつ皿形ブイがスパー型ブイの外側に沿って上下方向に動くもので，リニア発電機を用いて発電する．皿形ブイの半径 3.5 m，スパー長さ 6.5 m の 10 kW 装置が，2008 年 9 月に，オレゴン州のニューポート沖に設置された[58]．

図 4.37 オレゴン州立大学の波力発電装置

アメリカの Ocean Power Technologies 社の PowerBuoy[59] は，二つの軸対称剛体の相対運動によるエネルギーを，リニア発電機を用いた直接駆動方式，または，油圧装置で取り出すものである．2 個の浮体形状はオレゴン州立大の装置と似ているが，スパー型ブイの下部には，動揺低減のための円形平板が取り付けられている．アメリカのニュージャージー州沿岸やハワイの米軍海軍基地沖での定格 40kW のプロトタイプ機の実証実験を経て，Mark3（全長 144 ft，皿形ブイの直径 36.1 ft，定格 150 kW の発電機を 2 系統搭載）と称する装置が提案されている．この装置を 10 基設置する Wave farm 計画が，アメリカオレゴン州西海岸で進められている．10 基の発電装置

からの出力電力は，ケーブルを経て，Ocean Power Technologies 社で開発された海底変電ポッド（Underwater Substation Pod）に集められ，昇圧された後，海底ケーブルを経由して陸上に送られる．

アイルランドの Wavebob 社もまた，二つの軸対称浮体の相対運動によるエネルギーを，油圧システムを用いて電気エネルギーに変換する装置 Wavebob を開発中である．アイルランドの Galway 湾で，実機の 1/4 スケール模型の実海域実験が行われている[60]．

3) 完全没水ブイの鉛直運動利用型

Archimedes Wave Swing は，完全没水型の装置で，オランダの Teamwork Technology BV を中心に開発され，2005 年に，北ポルトガル沖で 2 MW 機の実験が行われた．海底に係留固定された下部構造物と波によって上下する上部浮体からなる．下部構造物の上部は空いており，二つの構造物で構成される内部空間は空気で満たされているので，空気はダンパーとしてはたらく．そして，下部構造物の内部に設置されたリニア発電機を用いて発電する．この装置は，リニア発電機が用いられた最初の装置である[61]．

4) 浮体の縦揺れ利用型

図 4.38 のような波の進行方向に設置される細長い 3 次元形状の装置は，浮体の縦揺れを利用するもので，入射波の振幅が装置の長さ方向に減衰することから，アテニュエータとよばれる．図 4.38 は，Pelamis wave power 社が開発した Pelamis の第二世代機である．直径 4 m の円筒形浮体 5 台を連結した全長 180 m の装置で，浮体のヒンジ連結部に配置したシリンダーポンプ 4 台と可変容量型モータを組み合わせ，油圧変速機を使用して発電機駆動を行う．2008 年に，第一世代機（全長 120 m，直径 3.5 m の 750 kW 装置）の実海域実験がポルトガルの北部海岸で実施されている．

アメリカの Columbia Power Technology 社は，三つの浮体（二つのスパーブイと

図 4.38 Pelamis

ダンパーで構成される一つの浮体と，前方フロートと後方フロート）を連結した装置 StingRAY を開発中である．動力取り出し装置として，direct drive rotary 発電機が連結部に設置されている．2011 年にシアトル沖で発電実験が実施されている[62]．

Oceantec Energias Marinas, S. L. は，動力取り出し装置にジャイロを用いる波力発電装置を開発中である．2008 年 9 月～10 月にスペインの北海岸で，1/4 スケールモデル（長さ 11.25 m，幅 1.88 m，重さ 18.14 ton）の実海域実験を行っている[63]．

カルフォルニア大学では，図 4.39 に示すような波力発電装置 Wave Carpet（ウェーブカーペット）を開発中である[64]．この装置は，進行する波によって，水平に設置した海底近くの弾性板を上下運動させ，弾性板の下に設置したピストン式の水圧ポンプと海底のパイプを用いて，海水を陸上へ輸送して発電を行うものである．コンセプトを確認するための水槽実験や，性能を評価するための数値計算が行われている．

図 4.39　カルフォルニア大学の Wave Carpet[64]

5) 海底ヒンジの振り子型

イギリスの Aquamarine power 社が提案した Oyster（オイスター）（図 4.40）は，海底をピン支持とした振り子型装置である．波による振動板の振動にともない，高

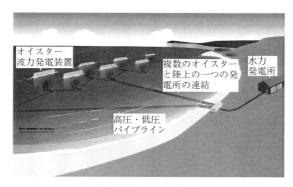

図 4.40　Oyster[65]

圧の水が海底のパイプを通して海岸に送られ，陸上の水力発電設備を用いて発電する．2009 年に Oyster 1（Bottom-hinged system, 315 kW）の実験がスコットランドのオークリーにある実海域実験場 EMEC で行われた．第二世代の Oyster 800（800 kW）の実験が 2012 年に行われている[65]．

6) 多数のブイ利用型

デンマークの Wave Star Energy 社は，長さ 240 m の波力発電装置 Wave Star（ウェーブスター）の 1/10 モデル（24 m）での実海域実験を行っている．この装置には，左右それぞれ 20 個，合計 40 個のアーム付き浮体が設置されており，波によって浮体が上昇すると，浮体に連結されたシリンダー内のピストンがオイルを押し，油圧モータを介して発電する．実機（600 kW）の 1/2 スケールの部分試験機が 2009 年に Hanstholm の海域に設置され，2010 年にグリッドに接続された[66]．

(3) 越波型

デンマークの Wave Dragon Aps は，北海のデンマーク沖で，浮体式越波型装置 Wave Dragon の 1/4.5 モデルの実験を 2003 年に行っている．浮体の両側に張り出したリフレクターで振幅が増大された入射波は，浮体前面の斜面部分で越波し，海水は背後のタンクに貯められる．海水の水差を利用して低落差カプラン水車を回し発電する[67]．

ノルウェーの WAVEenergy AS は，固定式の越波型波力発電装置 SSG（Sea Slot-cone Generator）を開発している（図 4.41）．この装置は，上下方向に多数の貯水池をもっており，潮位が変化したときの越波にも対応できるように，それぞれの貯水池に海水取込口をもっている．

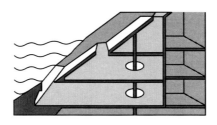

図 4.41 SSG

(4) 波浪エネルギーの発電以外への利用

Hydam Technology Ltd. は，アイルランドの Shannon 川河口で，40 m の長さをもつ海水淡水化装置 McCabe Wave Pump（マッケイブ波力ポンプ）の実証実験を行っ

た．この装置は，中央浮体の両側に端部浮体が連結されている．中央部浮体の水中部には，動揺低減のためのダンパープレートが設置されている．両側の2個の浮体のピッチ運動により油圧ポンプを駆動させ，そのエネルギーで逆浸透膜装置を運転して海水の淡水化等を行う（図4.42）[68]．

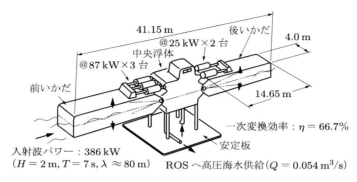

図4.42　McCabe Wave Pump[69]

4.5.2　我が国の開発の現況[70]

（1）振動水柱型

三菱重工鉄構エンジニアリング，東亜建設工業，(独)海洋研究開発機構，(独)港湾空港技術研究所，日本大学，佐賀大学は，固定式OWCの水室前面の開口部を挟む両側に平行な鉛直側壁を設置して，水室内の振動水柱の共振に加えて，鉛直平行平板による副振動効果による水面の共振現象を利用するユニット式の多重共振型波力発電装置を開発中である．従来装置の1.5倍以上の発電効率を目指して，空気タービンを設置した発電やケーソンの安定性に関する水槽実験が行われている（図4.43）[71]．

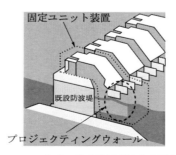

図4.43　ユニット式の多重共振型波力発電装置[71]

国土交通省北陸地方整備局は，松江高専，佐賀大学と共同で，新潟西海岸で固定式OWC用の固定案内羽根付衝動タービンとウェルズタービンの性能に関する実海域実験を行った．衝動タービンではウェルズタービンで生じる失速現象が現れず，幅広い流量係数で高いエネルギー変換が得られることが示された[72]．

九州大学では，複数の鉛直円筒型のOWCカラムと浮力カラムで支持された浮体式のマルチカラム型波力発電システムを提案し，性能把握のための水槽実験や解析を実施中である（図4.44）[73]．

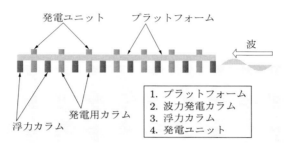

図4.44 マルチカラム型波力発電装置 [73]

佐賀大学では，浮体式の振動水柱型波力発電装置"後ろ曲げダクトブイ"（図4.32）の実用化を目指した研究を実施中である．水槽実験結果によると，波エネルギーから空気エネルギーへの一次変換効率 η の最大値は λ/L（λ は波の波長，L は装置長さ）が4付近で，2次元実験で70％，3次元実験では波の回折効果により増加して100％程度である．3次元実験で一次変換効率が大きくなる理由は，入射波の波パワーを浮体幅で定義しているが，実際の3次元実験では浮体による波の回折現象が起こり，浮体幅以上の波が入射したことに相当するためである．また，この装置は特定の周波数帯で波上側に前進する特性をもつ．このように，この装置は従来型よりも小型で，発電性能がよい，係留力が低減できる等の利点をもった波力発電装置である．固定案内羽根付きの衝動タービンを搭載した装置（長さ2.5 m，幅2.3 m，高さ1.8 m）の水槽実験で，現在，最大約30％の発電効率が得られている（図4.45）[74]．

東京大学，富士電機(株)，海洋エネルギーエンジニアリング(株)は，ブローホール（潮吹穴）方式波力発電システムを開発中である（図4.46）．振動水柱型装置に分類されるこの方式では，波の力で海水が地上に吹き出す潮吹穴をヒントに，これと同様なブローホールを岩盤掘削等で人工的につくり，バッファタンク，ウェルズタービン，発電機を用いて発電する．福井県越前町の海岸での設置を計画中である[75]．

(a) 水槽実験　　　　　　　　　(b) 衝動タービン

図 4.45　後ろ曲げダクトブイの発電実験

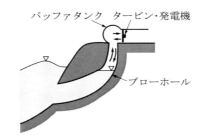

図 4.46　ブローホール（潮吹穴）方式波力発電システム[75]

（2）可動物体型

　我が国の可動物体型波力発電装置の研究は，振動水柱型に比べると少ないが，近年増加している．

　三井造船(株)は，Ocean Power Technologies（OPT）社と東京大学の協力の下に，PowerBuoy を日本仕様に改良中である．4.5.1 項で示した OPT 社のスパー型ブイ下部の円形平板を取り外し，その代わりに，スパーブイの水面下に軸対称の浮力タンクを設置することにより，係留索の張力をより大きくして，スパーブイの動揺を抑える形式（緊張係留方式）となっている．動力取り出し装置にはラック＆ピニオンが用いられている．発電機はピニオンの回転軸に直結されている．この動力取り出し装置を用いて，水面の皿形浮体の上下動に関して同調制御を行うことにより，発電効率を高める方法が検討されている（図 4.47）[76]．

　Gyrodynamics Co., Ltd，日立造船，鳥取大学は，ジャイロ式波力発電装置を開発中である（図 4.14）[25]．これは，高速回転中の円板に傾き速度を与えることにより生じるジャイロモーメントを利用して，浮体の波による揺れから直接発電機を回転させ

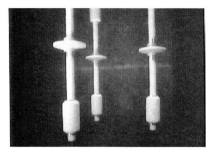

図 4.47 日本型 PowerBuoy（水中部）[77]

る方式である．カテナリー係留された 45 kW 級のドーナツ型試験機の実験が和歌山県西牟婁郡周参見漁港内で実施されている．沿岸域での設置を目的に，固定構造物を回転中心にして，装置がピッチ運動する係留形式も検討されている．

山口大学では，プーリ・ワイヤ・フロート・カウンターウエイト・ラチェット機構から構成される浮体‐釣合錘式波力発電装置を開発中である（図 4.48）．発電性能把握のための水槽実験や数値計算法の開発が行われている．また，熊本県の丸山漁港で実海域実験（直径 1 m，高さ 2.0 m の円柱浮体）が行われている[78]．

日本大学，（有）Wits，Chiba Science Institute は，誘電性エラストマーを用いた波力発電装置の開発を行っている．静岡県伊豆市須崎漁港において，幅 0.95 m，高さ 0.96 m の模型浮体に誘電性エラストマーを設置した実験が行われている（図 4.49）．

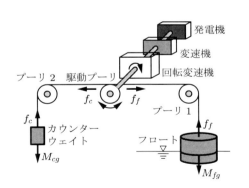

図 4.48 浮体‐釣合錘式波力発電装置[78]

図 4.49 誘電性エラストマーを用いた波力発電[79]

広島大学では，シリコンシートと高分子圧電フィルムを積層させた弾性圧電デバイス FPED（flexible piezoelectric device）を用いて波浪エネルギーを取り出す方法を

開発中である．性能評価のための水槽実験が行われている[30]．

佐賀大学では，渡部によって提案された浮体型の振り子式波力発電装置を開発中である（図 4.50）．エネルギー吸収機構としてトルクダンパーを用いる方法と，二次変換装置として，プーリとベルトを組み合わせて発電機を回転する方法に関する水槽実験や，境界要素法を用いた計算法の開発が行われている．現在の実験模型では，波パワーから振り子の回転パワーへの最大変換効率は約 80%，最大発電効率は約 25% である[80]．

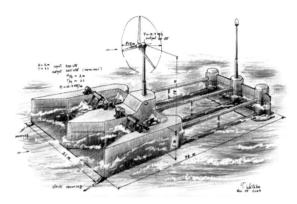

図 4.50　浮体型振り子式波力発電[81]

また，渡部は韓国海洋研究院船舶海洋研究所（KIOST）に協力し，300 kW 級実用機の開発を進めている．

東京大学は，東北の企業と共に，室蘭工業大学が考案した振り子式発電をベースとして，永久磁石発電機，パワーコンディショナー等に関する最新技術を取り入れ，動力取り出し装置に大型船舶の油圧操舵装置を使用して低コスト化を図った波力発電装置を開発中である．岩手県久慈湾に 40 kW 装置 2 台の設置が予定されている[82]．

（3）越波型

越波型波力発電装置には，固定型，浮体型があるが，我が国では研究例が少ない．市川土木(株)，協立電機(株)，いであ(株)は，東海大学が開発した越波型波力発電装置を発展させた固定式越波型波力発電装置を開発中である．この装置は，水平方向に多数の貯水池をもっており，潮位が変化したときの越波にも対応できるように，それぞれの貯水池に海水取込口をもっている．タービン発電機も個々の貯水池に対応して設置してある（図 4.51）．

大洋プラント(株)は，鉛直円筒の水面近傍に設置された陣笠斜面と収斂提を用いて，

波を鉛直円筒上部に越波流入させ，この貯水海水をヘッド差を利用して落下させ，鉛直円筒内の水車を回転させることにより発電する波力発電装置（浮遊渚方式）を開発中である．横浜港での実海域実験で，装置の変換効率が計測されている（図4.52）[83]．

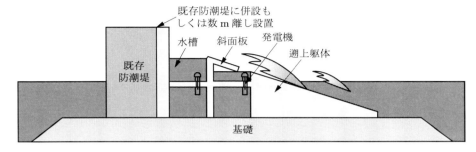

図4.51 固定式越波型波力発電装置（提供：協立電機(株)）

図4.52 浮体式越波型波力発電装置 [83]

4.6 装置の発電性能評価法

　波力発電装置の発電性能は，水槽実験や数値解析手法を用いて評価される．以下では，発電装置の性能評価のための水槽実験や数値解析の基本的な部分について解説し，解析の現状について，我が国の文献を中心に紹介する．波力発電装置の一次変換効率の評価に関する理論的な扱いについては，Falnes[84]やMei[85]の本に詳述されている．

4.6.1 振動水柱型

(1) 水槽実験

　振動水柱型装置は，空気室，空気タービンおよび発電機で構成されるため，模型実験を行う場合，水の流れと空気の流れを同時に考慮した実験が必要となる．水の流れ

と空気の流れとで違った模型スケールが必要となり，厳密な模型実験は困難なため，通常，模型実験は，水槽実験と風洞実験の2段階に分けて行われる．風洞実験では，実機の空気タービンと幾何学的に相似な縮尺模型に関して実験が行われる．ウェルズタービンの場合，迎え角に関するタービン特性（軸方向速度係数，トルク係数，タービン効率等）が計測される．一方，水槽実験では，タービンの代わりに，タービンと同じ負荷特性をもつオリフィスを空気室天井に取り付ける．フルード相似則に基づいて，装置設置予定海域の波浪条件に関して，一次変換効率（波パワーから空気パワーへの変換効率）が最大となる空気室形状とオリフィス開口率を選定する実験が行われる．その後，水槽実験で得られた一次変換効率が最大となるオリフィス負荷に対応する空気タービンのサイズや，タービン回転数が選定される[86),87)]．

（2）　性能解析

1)　計算法

① 空気室内空気のモデル化

振動水柱型波力発電装置の性能予測のためには，空気室内空気の挙動や空気室内水面下の水の挙動に関するモデル化が必要となる．空気室内空気の挙動については，空気は圧縮性流体で断熱変化と仮定して，空気圧力は時間的には変動するが，空間的には一定として扱う方法が一般的である．

小島ほか[88)]は，空気の挙動に関する基礎式として，以下の状態方程式，質量保存則，エネルギー保存則を用い，具体的な計算には，これらを変形した式を利用している．

$$p_a = \rho_a R T \tag{4.35}$$

$$\frac{d(\rho_a V)}{dt} + \dot{m} = 0 \tag{4.36}$$

$$p_a \frac{dV}{dt} + c_v \frac{d}{dt}\left(\frac{p_a V}{R}\right) + \dot{m} c_p T_e = 0 \tag{4.37}$$

ここで，t：時間，p_a：空気の圧力，ρ_a：空気の密度，R：気体定数，T：絶対温度，V：空気の容積，$\dot{m}$：空気室上部から空気室へ出入りする空気の質量，c_v：定容比熱，c_p：定圧比熱，T_e：空気室上部から空気室へ出入りする空気流の温度である．

また，鈴木ほか[89)]は，式 (4.37) の代わりに，式 (4.38) で示される断熱変化の関係式と連続の式 (4.36) を空気挙動の基礎式として用いている．

$$p_a \rho_a^{-\gamma} = \text{定数} \tag{4.38}$$

ここで，γ は空気の比熱比である．

② 水面波の問題の解法 [84]

現在，固定式構造物にはたらく流体力や構造物まわりの波の変形，浮体構造物の運動等は，流体運動を非粘性，非圧縮性の完全流体における微小振幅運動と仮定したポテンシャル理論に基づいた解析法を用いることにより，算定が可能である．通常は，自由表面条件を線形化した線形境界値問題として流体運動が定式化され，境界要素法，特異点分布法，固有関数展開法等の数値解析法を用いて解が求められる．振動水柱型の波力発電装置の性能解析においては，空気室内の力学的水面条件に，未知量である空気圧力 p_a が現れる．このため，規則波中の固定式装置の流体問題を対象とする場合，この境界値問題の解を，周波数領域の問題として，以下の二つの境界値問題の解の重ね合わせとして求める方法が一般的である．

(ⅰ) 空気室内の水面の圧力を大気圧として，入射波に対する波の散乱問題を解く（ディフラクション問題）

(ⅱ) 静水中で，空気室内の水面に単位の空気圧力を作用させたときの波の放射問題を解く（ラディエーション問題）

上記の二つの境界値問題を，境界要素法等の数値解析手法を用いて解き，空気室内の水線面位置で鉛直方向に横切る空気量 Q と空気室内の空気圧力 p_a を

$$Q(t) = \mathrm{Re}\{\hat{Q}(t)e^{i\omega t}\}, \qquad p_a(t) = \mathrm{Re}\{\hat{p}_a(t)e^{i\omega t}\} \tag{4.39}$$

のように複素振幅 $\hat{Q}$, $\hat{p}$ を用いて表すと，$\hat{Q}$ は次式で与えられる．ここで，Re は実数部を示す．

$$\hat{Q} = q_d \zeta_0 - Y_r \hat{p}_a \tag{4.40}$$

ここで，q_d, Y_r はそれぞれ，上記のディフラクション問題とラディエーション問題を解くことによって得られる係数，ζ_0 と ω はそれぞれ，入射波の振幅と角周波数である．また，t は時間，i は虚数単位である．

時間領域の計算に関しては，通常の浮体運動計算と同様に，上記の周波数領域の計算結果に基づいて，ラディエーション問題での空気圧力のインパルス応答と畳み込み積分等を用いることにより，空気室内の水線面位置で鉛直方向に横切る空気量 Q の時系列を求めることができる [90),91)]．

また，空気室内の水面の扱いについては，水面の時間的・空間的な変化を考慮すべきであるが，（ⅰ）水面の空間的変化を考えずに，平均水位として水面が一枚の薄板のように時間的に変動すると考える方法，（ⅱ）空気室内水面下の水が一つの塊として上下方向に剛体運動するとした方法（等価浮体法）などの近似的な方法もある．

③ 空気タービンの考慮法 [86),92),93)]

空気タービン単独の風洞試験から，トルク係数 C_T と差圧係数 ψ が求められるので，タービンにはたらくトルク T とタービン前後の差圧 Δp は次式で表される．

$$T = 0.5 C_T(\phi) \rho_a U^2 A_T R_t \tag{4.41}$$

$$\Delta p = 0.5 \psi(\phi) \rho_a v_a^2 \tag{4.42}$$

ここで，$\phi = v_a/U$，v_a はタービンを横切る軸流速度，U はローター周速度，ρ_a は空気密度，$A_T (= \pi(R_t^2 - R_h^2))$ はタービンを横切って空気が流れる環状流路面積，R_t と R_h は翼端とハブの半径である．式 (4.42) の差圧 Δp は，式 (4.39) で示した空気室内の空気圧力 p_a とみなすことができる．

タービン回転の運動方程式は次式で表される．

$$I \frac{d\omega_T}{dt} = T(\omega_T, v_a) - T_L(\omega_T) \tag{4.43}$$

ここで，I はタービン発電機の慣性モーメント，ω_T はタービンの角速度，T_L は負荷トルクである．

2）解析の現状

固定式 OWC の 2 次元性能評価に関して，まず，木下ほか [94)] は，水室内の振動水柱を浮体とみなす等価浮体法を用いて表現し，空気室内空気の圧縮性を考慮して，タービンの回転に関する運動方程式と連立して解くことにより発電出力を求める方法を提案している．また，高橋ほか [46)] は，空気室内の水面が空間的に一様に上下すると仮定して，水の運動に関する基礎式，空気室内空気に関する状態方程式，質量保存則，エネルギー保存則，およびタービンの運動方程式を連立して解くことにより，装置の発電量を評価する時系列計算法を提案している．計算値と実験値を比較することによりその計算法の有効性を示し，波力発電ケーソンの設計に適用している．鈴木 [93)] は，波力発電ケーソンを対象に，等価浮体法を用いて，空気室やタービン発電機の特性に加え，流量調整弁，緊急遮断弁やこれらを接続する流路特性も含めた詳細な時系列計算を行っている．

規則波中での 3 次元の固定式 OWC の一次変換性能を評価するために，中川ほか [95)] は，空気室内の水面の空間分布を考慮した方法を提案している．この方法では，水に関する流体部には，速度ポテンシャルに関する 3 次元境界要素法を用いている．空気室内の空気は，高橋ほかと同じく，圧縮性流体として，状態方程式，質量保存則，エネルギー方程式を基礎式として，非線形項を等価線形化することにより，空気室内圧力と水面上の速度ポテンシャルの関係を導き，これらの式を基に空気室内圧力を求め

ている. 具体的な計算は，防波堤に組み込まれた OWC を対象に行い，一次変換性能に及ぼす装置の平面配置影響を調べている.

規則波中での浮体式 OWC の性能評価に関して，つぎのような研究が行われている.

- 工藤[96)]

  複数の空気室をもつ「海明」を対象に，タービン負荷をオリフィス負荷とおいた一次変換性能計算法を提案している. 船体運動の規則波中縦運動を対象に，サージ（前後揺れ）運動は小さいものと仮定して，ヒーブ（上下揺れ），ピッチ（縦揺れ）運動を考え，流体部の解析には 3 次元特異点分布法，水室内の振動水柱には等価浮体法を用いた解析を行い，最適負荷条件等を議論している.

- 前田ほか[97)]

  複数の空気室をもつ双胴浮体式のアテニュエータ型 OWC 装置を対象に，等価浮体法と 3 次元特異点分布法を用いて，浮体の縦運動 3 モードと複数の等価浮体の上下運動，一次変換効率を求め，実験値と比較している.

- 大澤ほか[98)]

  波浪中で 6 自由度運動する "マイティーホエール" を対象に，空気室内水面の空間分布を考慮できる一次変換性能計算法を提案している. この方法では，水の流体部の解析には特異点分布法を用いるが，空気室内の水面条件に含まれる，空気室内空気の圧縮性の指標となる圧力係数を実験的に求める必要がある.

- 鈴木ほか[99)]

  規則波中にある，オリフィス負荷をもつ 2 次元浮体型 OWC の一次変換性能解析方法を提案している. この方法では，水の流体解析には領域分割法を用い，空気室内の空気に関しては，空気圧力が平均水面の上下速度の 2 乗に比例するとして，実験的に求められた比例係数を用いている. この計算法を "マイティーホエール" や "後ろ曲げダクトブイ" に適用して，浮体の運動や一次変換効率に関する計算結果が水槽実験とよく一致することを示している.

- 永田ほか[100)]

  規則波中でのオリフィス負荷をもつ 2 次元浮体型 OWC の一次変換性能解析を行っている. この解析では，水の流体解析に境界要素法を用いている. 空気室内の空気については，高橋ほかと同じく，圧縮性流体として，状態方程式，質量保存則，エネルギー方程式を基礎式として，非線形項を等価線形化することにより，空気室内圧力と水面上の速度ポテンシャルの関係を導き，これらの式を基に空気室内圧力を求めている. この計算法を，線形ばねで係留された "後ろ曲げダクト

ブイ"に適用して，浮体の運動，空気室内の空気圧力や水面変位，一次変換効率に関する計算結果が水槽実験とよく一致することを示している．

流体解析の手法としては，ポテンシャル理論に基づいた解法でなく，空気室内の空気を圧縮性粘性流体，波浪による水の運動を非圧縮性粘性流体として差分法や有限要素法等を用いる領域型の数値解析例もある．しかし，解析の中心は流れ場の再現にあり，波力発電装置の一次変換効率，発電効率の評価までは至っていないようである．

4.6.2 可動物体型

（1） 水槽実験

可動物体型の動力取り出し装置には，油圧式，ジャイロ式等さまざまな形式があり，それらは複雑な構造から成り立っている．これらのシステムの小縮尺模型を製作することは難しいため，装置の性能評価を目的とした水槽実験では，動力取り出し装置のダンピング特性を近似した模型が用いられることが多い．実験模型スケールが大きくなるにつれて，高度な動力取り出し装置模型が用いられる．

（2） 性能解析

1） 計算法

規則波中および不規則波中の可動物体型の装置の運動とエネルギー吸収特性は，通常の固定式構造物や浮体構造物の運動に関する解法と同様な方法で求めることができる．振幅 ζ_0，角周波数 ω をもつ入射波の下で，2次元浮体が1モード運動 ξ を行う波力発電装置（図 4.53）のエネルギー吸収について考える．前田[101]に従い，基本事項を整理する．

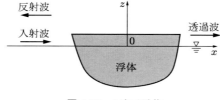

図 4.53 2次元浮体

可動部の運動は次式で表される．

$$M\ddot{\xi} = R + F - c\xi - g_m\dot{\xi} \tag{4.44}$$

ここで，ドットは時間微分を意味し，M は広義の質量（慣性モーメントを含む），R はエネルギー吸収装置から受ける反力，F はディフラクション流体力とラディエー

ション流体力を含んだ流体力，c は静的流体力より生じる復原力係数，g_m は係留策の線形ばね定数とする．R と F は以下のように表される．

$$R = -d\dot{\xi} - k\xi \tag{4.45}$$

$$F = -m\ddot{\xi} - N\dot{\xi} + E_W \exp(i\omega t) \tag{4.46}$$

ここで，d と k は，それぞれ，エネルギー吸収装置の減衰係数とばね定数を示す．m は広義の付加質量，N は広義の造波減衰係数である．E_W はディフラクション流体力の複素振幅，i は虚数単位，t は時間である．式 (4.45) と式 (4.46) を式 (4.44) に代入すると，次式が得られる．

$$(M + m)\ddot{\xi} + (N + d)\dot{\xi} + (c + k + g_m) = E \exp(i\omega t) \tag{4.47}$$

波力発電装置の一次変換によって，単位時間に吸収される波浪エネルギーの一周期平均 $\bar{E}$（平均吸収パワー）は次式で求められる．

$$\bar{E} = \frac{1}{T} \int_0^T \mathrm{Re}[F]\,\mathrm{Re}[\dot{\xi}]dt \tag{4.48}$$

式 (4.45) と式 (4.47) から，F は次式で表される．

$$F = M\ddot{\xi} + d\dot{\xi} + (c + k + g_m)\xi \tag{4.49}$$

装置の運動を $\xi = l \exp(i\omega t)$ として式 (4.47) から運動振幅 l を求めると，次式が得られる．

$$\bar{E} = \frac{\omega^2}{2} d|l|^2 = \frac{\omega^2 d|E_W|^2}{2\left[\{(c + k + g_m) - \omega^2(M + m)\}^2 + \omega^2(N + d)^2\right]} \tag{4.50}$$

式 (4.45) 中の d, k は可動物体型のエネルギー吸収装置で制御可能なパラメータであるが，式 (4.50) を k と d でそれぞれ微分することにより，$\bar{E}$ が最大値をとる条件として以下が得られる．

$$d = N, \qquad k = \omega^2(M + m) - c - g_m \tag{4.51}$$

この条件は，装置の負荷の減衰係数が造波減衰係数に等しく，かつ，負荷のばね定数がその周波数で運動が同調するような値であるときに対応する．装置によるエネルギー吸収係数 η（一次変換効率）は次式で定義される．

$$\eta = \frac{\bar{E}}{0.5\rho g \zeta_0{}^2 C_g B_0} \tag{4.52}$$

ここで，ρ は水の密度，g は重力加速度，C_g は入射波の群速度，B_0 は装置の幅である．式 (4.51) を式 (4.50) に代入した吸収パワーを式 (4.52) に代入し，造波理論で用いられるディフラクション流体力 E_W や造波減衰係数 N と Kochin 関数 [102] の関係を用いると，角周波数に対する最大エネルギー吸収係数 $\eta_{\max}$ は，2 次元問題の場合，次式で表される．

$$\eta_{\max} = \frac{|H^-|^2}{|H^-|^2 + |H^+|^2} \tag{4.53}$$

ここで，H^-，H^+ は Kochin 関数であり，それぞれ，x の負の方向と正の方向に進む波の無限遠での振幅（に比例する量）に関係している．

2） 解析の現状

可動物体型装置の性能評価に関する計算では，式 (4.45) で示されるエネルギー吸収装置から受ける反力 R の右辺の第 1 項のみを考慮して，一次変換性能を評価したものが多い．

- 前田ほか [103]

  規則波中，不規則波中にある 2 次元浮体型装置の一次変換性能の推定法を提案している．流体力計算には特異点分布法を用いている．具体的な計算は，単一の Salter Duck を対象に行い，動力取り出し装置として油圧装置を用いたときの動力特性を考慮して装置の一次変換効率を求め，実験値と比較している．

- 小林ほか [104]

  2 基の Salter Duck の 2 次元断面に関する同様な計算を行っている．

- 柏木ほか [105]

  Salter Duck 型の浮体内部の円筒形状の空洞の壁面に沿って，小円柱が滑ることなく回転し，この小円筒の中心軸に発電機の軸がある波力発電装置を対象に，一次変換効率の計算を行っている．

- 谷野ほか [106]

  海岸固定型の振り子式波力発電装置に関して，流体解析に境界要素法を用いて，規則波中の振り子の振動，装置の一次変換効率の計算を行っている．

- Toyota ほか [107]

  浮体型の振り子式波力発電装置の一次変換効率の計算と実験を行い，計算値と実験値がよく一致することを示している．

可動物体型装置の発電性能までの計算を行った例として，羽田野ほか [78] は，浮体-釣合錘式波力発電装置を対象に，浮体にはたらく流体力計算に 3 次元特異点分布

法を適用し，浮体，プーリ，ワイヤ，カウンターウェイト，発電機等をモデル化して解析法を示すとともに，装置の発電量を計算している．また，Babaritほか[108]は，油圧式の動力取り出し装置を考慮して，波浪中にある浮体式波力発電装置 SEAREV の発電性能に関する時系列計算を行っている．

4.6.3 越波型

越波型波力発電装置の性能把握のための水槽実験は，海岸工学分野で行われる護岸の越波実験と同様な方法で行われる．数値解析による越波型装置の性能評価については，計算例が少ない．Victorほか[109]が商用の流体解析コード FLOW3D を用いて，斜め護岸の越波量を計算した例がある．この計算コードでは，基礎式として Navier-Stokes 方程式が，自由表面の追跡には VOF 法が用いられている．

コラム ••• 国産運動物体型波力発電 ― 振り子式システム ―

　1973 年末の第一次オイルショックは世界のエネルギー市場を震撼させ，化石エネルギーのみならず諸物価を高騰させた．産油国以外の諸国では，再生可能エネルギー開発への真剣な取り組みが始まった．波力発電についてもその後の 10 年は正に疾風怒涛の時代で，新しいシステムが数多く開発された（8 章付表参照）．それらのいくつかは，今日の実用化システムの原型に相当する．イギリスは運動物体型に属する Duck や Raft，OWC（振動水柱）型では着底式を開発し，ノルウェーでは越波型や点集中式 OWC が開発された．イギリスのその頃の技術者，政官，経済界のダイナミックな活動は D. Ross 著，POWER FROM THE WAVES, Pergamon, 1979 に詳しい．

　我が国でも海洋エネルギー研究センター（現海洋研究開発機構）が中心となって，OWC の固定式，浮体式を多くのグループが研究した．

　一方，室蘭工大では，1976 年に全学的な自然エネルギー利用の研究プロジェクトを開始した．海岸や港で使用される消波型防波堤を研究テーマとしていた著者の一人近藤は，波エネルギーを消散させる代わりにエネルギーとして取り出すオリジナルな運動物体型の開発に取り組んだ．その一つが振り子式波力発電システムで，渡部富治教授，谷野賢二助手らと共同で研究した．その成果をもとに，1981 年に北海道増毛町が給湯施設用の振り子式発電装置を日立造船に依頼して設置した（図 4.54）．また，室蘭工大は 1984 年に室蘭港にプラントを

設置し，2000年まで現地試験が行われた（図4.1(a)，図4.55）．波を消し，エネルギーを得，かつ防波施設に付設することでコスト低減を図る，一石三鳥を狙ったものである．

図4.54　増毛港振り子装置

図4.55　室蘭港実験プラント

参考文献

1) たとえば，光易 恒：海洋波の物理，p.210，岩波書店，1995．
2) たとえば，近藤俶郎ほか：海岸工学概論，p.218，森北出版，2005．
3) たとえば，土木学会海岸工学委員会：海岸施設設計便覧，2000．
4) 土木学会編：水理公式集，平成11年版，p.499，図3.1．
5) 近藤俶郎，竹田英章：消波構造物，p.276，森北出版，1983．
6) 村木義男：概説海岸工学（尾崎晃ほか共著），pp.19-39，3.1 海の波，森北出版，1987．
7) 2) に同じ
8) Ochi, M. K.: Ocean Waves, Cambridge Univ. Press, p.319, 1998.
9) Pontes, T.: Mathematical Description of Waves and Wave Energy, Appendix 2, 沖合浮体式波力装置「マイティーホエール」の実用化における国際展開に関する調査研究，（社団法人）国際海洋科学技術協会，p.167，2000．
10) Atlas of UK Marine Renewable Energy Resources, BERR, March 2008 の図．
11) 渡部富治，近藤俶郎：波力発電，pp.15-40，第2章 波のエネルギー，パワー社，2005．
12) Kondo, H.: Proc. of Renewable Energy 2006, Renewable Energy Org. Committee, pp.1438-1441, 2006.
13) 11) に同じ
14) Pelamis Wave Power, 2012.
15) 高橋重雄ほか：港湾技術研究資料，No.654，港湾技術研究所，1989．
16) NEDO：平成22年度成果報告書（概要版），海洋エネルギーポテンシャルの把握に係

る業務，p.19，図 3-2-1-1 のデータから作成．

17) 石井進一，近藤俶郎，藤原満，渡部富治：日本近海における海洋エネルギー利用システムの開発に関する研究，室蘭工業大学地域共同利用研究開発センター研究報告，No.4, pp.1-49, 1993.

18) Brooke, J.: Wave Energy Conversion, Elsevier, 2003.

19) Cruz, J.: Ocean Wave Energy, Springer, 2008.

20) A.F. de O.Falcão: Wave Energy Utilization: A Review of the Technologies, Renewable and Sustainable Energy Reviews, 14, pp.899-918, 2010.

21) 渡部富治，近藤俶郎：波力発電，pp.41-136, パワー社，2005.

22) Falnes, J. and Løvseth, J.: Ocean Wave Energy, Energy Policy, pp.768-775, 1991.

23) U.K. Department of Energy: Wave power for scottish Isle, Review, The Journal of Renewable Energy Issue 1, Sep., 1987.

24) 瀬戸口俊明，高尾学：空気タービンを用いた波力発電，日本フルードパワーシステム学会誌，第 42 巻，第 4 号，pp.232-235, 2011.

25) Kanki, H. et al., Development of Advanced Wave Power Generation System by Applying Gyroscopic Moment, 8th European Wave and Tidal Energy Conference, pp.280-283, 2009.

26) http://www.el.angstrom.uu.se/forskningsprojekt/WavePower /Lysekilsprojektet_E.html

27) Drew, et.al: A review of Wave Energy Converter Technology, Proc. of the Institution of Mechanical Engineers, Part A: Journal of Power and Energy, 223(8), pp.887-902, 2009.

28) Chiba, S. et.al.: Innovative Power Generators for Energy Harvesting Using Electroactive Polymer Artificial Muscles, Proc. of SPIE, Vol.6927, Paper No.692715, 2008.

29) 増田光一，居駒知樹，中津川和志，和氣美紀夫，千葉正毅：誘電エラストマを利用した浮体式波浪発電ブイの実海域における発電特性に関する研究，第 23 回海洋工学シンポジウム，OES23-082, 2012.

30) 睦田秀美，川上健太，平田真登，土井康明，田中義和，柳原大輔：弾性圧電デバイスを用いた波浪発電に関する研究，土木学会論文集 B2, Vol.66, No.1, pp.1281-1285, 2010.

31) Duckers, L.: Wave Energy, Renewable Energy (Third Edition), Chapter 8, pp.363-408, 2012.

32) (社)土木学会新エネルギー技術小委員会：波エネルギー利用技術の現状と将来展望，土木学会，1990.

33) Bønke, K. and Ambli, N.: Prototype Wave Power Stations in Norway, Utilization of Ocean Waves – Wave to Energy Conversion, pp.34-45, 1986.

34) Whittaker, T.J. and McIlwaine, S.: Shoreline Wave Power Experience with the

100　第 4 章　波　力

Islay Prototype, Proc. of the First International and Polar Engineering Conference, ISOPE, 1, pp.393-397, 1991.

35) Ravindran, M. et al.: Indian Wave Energy Programme: Progress and Future Plans, Proc. of the 2nd European Wave Power Conference, Lisbon, 1995.

36) Hagerman, G.: Wave Power: An Overview of recent International Developments and Potential U.S. Projects, Proc. of the 1996 Annual Conference, American Solar Energy Society, pp.195-200, 1996.

37) Salter, S. H.: Progress on Edinburgh Ducks, Proc. of IUTAM Symposium on Ocean Wave Energy Utilization, pp.36-50, 1985.

38) Davis, J. P.: Wave Energy Absorption by the Bristol Cylinder – Linear and Non-Linear Effects, Proc. of the Institution of Civil Engineers, Part 2, Vol.89, pp.317-340, 1990.

39) Sjöström, B-o.: The Past, Present and Future of the Hose-pump Wave Energy Converter, European Wave Energy Symposium, Proc. of an International Symposium, Edinburgh, pp.311-316, 1993.

40) Fredrikson, G.: ISP Wave Power Buoy, Mark IV. Proc. of a Workshop on Wave Energy R&D, Cork, Ireland, Repot EUR 15079 EN, 1992.

41) http://www.ips-ab.com/

42) Mehlum, E.: TAPCHAN, Hydrodynamics of Ocean Wave-Energy Utilization, IUTAM Symposium, Lisbon, pp.51-55, 1985.

43) 高石敬史ほか：海洋エネルギー利用，日本造船学会誌，第 637 号，pp.298-358, 1982.

44) （社）日本海洋開発建設協会：21 世紀の海洋エネルギー開発技術，山海堂，pp.32-75, 2006.

45) 益田善雄：日本の波力発電，霞出出版，1987.

46) 高橋重雄：波力発電ケーソン防波堤の開発，昭和 60 年度港湾技術研究所講演会，pp.1-57, 1985.

47) JAMSTEC: 波浪エネルギー利用技術の研究開発—沖合浮体式波力装置「マイティホエール」の開発，2004.

48) IEA-OES: Review and analysis of ocean energy systems development and supportingpolicies,
http://www.ocean-energy-systems.org/library/oes-reports/annex-i-reports/document/review-policies-report-2006-/

49) IEA-OES: Annual Reports2013,
http://www.ocean-energy-systems.org/library/annual-reports/

50) NEDO：波力発電の技術の現状とロードマップ，NEDO 再生エネルギー技術白書，pp.311-364, 2010.

51) The Carbon Trust: Oscillating Water Column Wave Energy Converter Evalua-

tion Report, pp.14-21, 2005.

52) http://www.pico-owc.net/

53) Torre-Enciso, Y. et al: Mutriku Wave Power Plant: from the thinking out to the reality, Proc. of the 8th European Wave and Tidal Energy Conference, Uppsala, pp.319-329, 2009.

54) http://www.eve.es/Proyectos-energeticos/Proyectos/Energia-Marina.aspx

55) http://www.oceanlinx.com/

56) http://www.oceanenergy.ie/

57) M. Leijon et al.: An electrical approach to wave energy conversion, Renewable Energy 31, pp.1309-1319, 2006.

58) http://eecs.oregonstate.edu/wesrf/

59) http://www.oceanpowertechnologies.com/

60) http://www.environmental-expert.com/companies/wavebob-ltd-30873

61) http://www.teamwork.nl/en/portfolio/project/archimedes-wave-swing

62) http://columbiapwr.com/

63) http://www.oceantecenergy.com

64) http://taflab.berkeley.edu/uc-berkeley-ocean-wave-energy-converter/

65) http://www.aquamarinepower.com

66) http://wavestarenergy.com/

67) http://www.wavedragon.net/

68) McCormic, ME et. al.: Large-scale Experimental Study of a Hinged–barge Wave Energy Conversion System, Int. 3rd European Wave Energy Conference, pp.215-222, 1998.

69) 日本機械学会：機械工学便覧　応用システム編 γ 5, p.181, 図 5·85, 2005 (著者 渡部富治).

70) 木下健（監）, 海洋再生エネルギーの市場展望と開発動向, サイエンス＆テクノロジー（株）, 2011.

71) 木原一禎, 大澤弘敬, 有川太郎, 増田光一, 瀬戸口俊明, 金谷泰邦：ユニット型多重共振波力発電装置（高効率発電装置）の開発, 三菱重工技報, Vol.49, No.4, pp.52-60, 2012.

72) 高尾学, 鈴木正己, 佐藤栄治, 永田修一, 豊田和隆, 瀬戸口俊明：波力発電用衝動タービンの実海域試験, ターボ機械, 第 36 巻, 第 12 号, pp.46-52, 2008.

73) 安澤幸隆, 奥村義隆, 長島知宏, 中尾圭輔：マルチカラム型発電浮体の開発に関する研究, 第 22 回海洋工学シンポジウム, OES22-110, 2011.

74) 永田修一, 豊田和隆, 今井康貴, 瀬戸口俊明, 高尾学, 池上国広, 林昌奎, 胡長洪：後ろ曲げダクトブイ型波力発電装置の発電特性, 第 22 回海洋工学シンポジウム, OES22-061, 2011.

102 第4章 波 力

75) 飯田誠，宮崎武晃：ブローホール波力発電システム実証研究の概要，海洋エネルギーシンポジウム 2012，佐賀大学，2012.

76) 宮島省吾，山口弘志，前村敏彦：日本近海における波力発電の賦存量とブイ型波力発電装置の係留方式，第 22 回海洋工学シンポジウム，OES22-066, 2011.

77) http://www.mes.co.jp/Akiken/business/projects/al2004_101.html

78) 羽田野袈裟義，種浦圭輔，渡邉誠，中野公彦，斉藤俊，松浦正己：浮体式波力エネルギー変換の力学．土木学会論文集 B，Vol.62, No.3, pp.270-283, 2006.

79) 居駒知樹，増田光一，中津川和志，和氣美紀夫，千葉正毅：誘電エラストマーを利用した浮体式波浪発電ブイの実海域における発電実験，第 22 回海洋工学シンポジウム，OES22-096, 2011.

80) 豊田和隆，永田修一，今井康貴，瀬戸口俊明，小野圭介：浮体型振り子式波力発電装置の研究（第一報），日本船舶海洋工学会論文集，第 13 号，pp.67-74, 2011.

81) 渡部富治：実用化に向かう波力発電，パワー社，2009.

82) 丸山康樹，林昌奎，木下健：三陸沿岸へ導入可能な波力等の海洋再生可能エネルギーの研究開発，海洋エネルギーシンポジウム 2012，佐賀大学，2012.

83) 真鍋安弘，佐々木淳，徐乃丹: 越波型波エネルギー利用装置浮島渚（円錐形状浮体）の小規模海域実験，第 22 回海洋工学シンポジウム，OES22-054, 2011.

84) Falnes, J.: Ocean Waves and Oscillating System, Cambridge, 2002.

85) Mei, C. C., Stiassnie, M. and Yue, D, K. P.: Theory and Applications of Ocean Surface waves, Part 1: Linear Aspects, World Scientific, 2005.

86) 高橋重雄，鈴村諭司，明瀬一行：波力発電ケーソンに設置されたウェルズタービンの出力計算法，——波エネルギーに関する研究・第 4 報——，港湾技術研究所報告，第 24 巻，第 2 号，pp.205-238, 1985.

87) JAMSTEC：振動水柱型波力発電装置の技術マニュアル，2004.

88) 小島朗史，合田良実，鈴村諭司：波力発電ケーソンの空気出力効率の解析，——波エネルギーに関する研究・第 1 報——，港湾技術研究所報告，第 22 巻，第 3 号，pp.125-158, 1983.

89) 鈴木正己，荒川忠一，田古里哲夫：ウェルズタービンを用いた波力発電装置の設計法，機械学会論文集（B 編），55 巻，513 号，pp.1377-1385, 1989.

90) Falcão, A.F. de o. and Justino, P. A. P.: OWC Wave Energy Devices with Air Flow Control, Ocean Engineering, 26, pp.1275-1295, 1999.

91) 鈴木正己，荒川忠一：固定型波力エネルギー変換装置の空気室特性の算出法，日本機械学会論文集（B 編），62 巻，604 号，pp.121-127, 1996.

92) 鈴木正己：波力発電型防波堤における波浪エネルギー変換特性の解析（第 1 報，波浪中のタービン発電機特性の推定と評価），日本機械学会論文集（B 編），70 巻，700 号，pp.134-141, 2004.

93) 鈴木正己：波力発電型防波堤における波浪エネルギー変換特性の解析（第 2 報，総合

性能の推定と評価），日本機械学会論文集（B 編），70 巻，700 号，pp.142-149, 2004.

94) 木下健，増田光一，宮島省吾，加藤渉：固定式振動水柱型波浪発電装置のシステム・シミュレーション，日本造船学会論文集，第 156 号，pp.255-263, 1984.

95) 中川寛之，植木圭一：防波堤に組み込まれた振動水柱型波力発電装置の一次変換効率に関する研究，日本船舶海洋工学会論文集，第 5 号，pp.155-161, 2007.

96) 工藤君明：海明型波力発電装置の最適設計，日本造船学会論文集，第 156 号，pp.245-254, 1984.

97) 前田久明，増田光一，林秀郎：Attenuator 型 OWC 波浪発電装置に関する研究（第 2 報），日本造船学会論文集，第 158 号，pp.222-228, 1985.

98) 大澤弘敬，宮崎剛，宮島省吾：沖合浮体式波力装置「マイティーホエール」の流体力学的特性と発電出力特性，日本造船学会論文集，第 196 号，pp.115-122, 2004.

99) 鈴木正己，鷲尾幸久，窪木利有：空気室を有する浮体型波浪エネルギー変換装置の解析方法，日本機械学会論文集（B 編），72 巻，718 号，pp.145-151, 2006.

100) 永田修一，豊田和隆，今井康貴，瀬戸口俊明，中川寛之：浮体式振動水柱型波力発電装置の一次変換性能評価法の開発（第 1 報，周波数領域での 2 次元問題解析法），日本船舶海洋工学会論文集，第 14 号，pp.123-133, 2011.

101) 前田久明，山下誠也：波浪エネルギー一次変換装置，日本造船学会誌，第 637 号，pp.10-31, 1982.

102) 柏木正，岩下英嗣：船舶海洋工学シリーズ④ 船体運動 —— 耐航性能編，成山堂書店，2012.

103) 前田久明，木下健，加藤俊司：波浪発電装置に関する基礎的研究（その 2），日本造船学会論文集，第 149 号，pp.65-72, 1981.

104) 小林正典，中川寛之：複合浮体型波浪発電装置に関する基礎的研究，日本造船学会論文集，第 152 号，pp.239-249, 1982.

105) 柏木正，西松早紀，酒井克弘：内部回転振子型浮体による波エネルギーの吸収，第 23 回海洋工学シンポジウム，日本海洋工学会・日本船舶海洋工学会，OES23-051, 2012.

106) 谷野賢二，近藤俶郎，渡部富治：防波施設に併設する波浪エネルギー吸収装置の研究 (3) —— 実海域性能試験 —— 第 31 回海岸工学講演会論文集，pp.581-585, 1984.

107) Toyota, K. et. al: Experiments and Numerical Analysis on Conversion Efficiency of Floating Pendulum Wave Energy Converter in Regular Waves, Proc. of the 23th International Offshore and Polar Engineering, Anchorage, pp.552-559, 2013.

108) Babarit, A. et al.: Declutching Control of a Wave Energy Converter, Ocean Engineering, 36, pp.1015-1024, 2009.

109) Victor, L.: Hydrodynamic Behavior of Overtopping Wave Energy Converters Built in Sea Defense Structures, Proc. 29th Int. Conference on Ocean, Offshore and Arctic Engineering Paper 20372, 2010.

第 5 章

海洋温度差エネルギー

沖縄県海洋深層水研究所(久米島)に付設された海洋温度差発電実証実験装置(5.8.2 項参照)

　海洋温度差発電（Ocean Thermal Energy Conversion: OTEC）は，再生可能エネルギー資源の中で，地熱発電のような「安定性」と「高稼働率」，海洋深層水との「複合利用」，メガワット級の「スケールメリットによる経済性」などの特徴が注目され，近年，アメリカ，フランスをはじめ海外で本格的なプロジェクトが進んでいる．とくに，アメリカでは，エネルギー省（DOE）や国防省（DOD）の支援で，10MW を目指したプロジェクトが行われている．

　海洋温度差発電は，1973 年の第一次オイルショックをきっかけにして，日本とアメリカで本格的な研究が行われるようになった．実証プラントが相次いで建設され，実験が行われてきた．当初は，正味出力が得られないのではないかと懸念されていたが，ハワイでの mini-OTEC プロジェクトをはじめとする数々の実証プロジェクトによって，海洋温度差エネルギーのみで正味出力が得られることは検証された．一方，海洋温度差発電は，再生可能なエネルギーの中でとくにスケールメリットの大きなシステムであるため，本格的な実証研究のハードルは高い．実用化推進のためには 1000 kW 以上での実証試験が不可欠であると長年指摘されているが，その規模は 50～100 億円規模になるといわれている．

5.1 海洋温度差エネルギーの概念

流体の常として，密度は上で小さく，下になるほど大きくなる．海水の密度はほぼ水温に比例するため，海面で水温がもっとも高く，海底でもっとも低くなっている．ただし，最大密度を与える水温は塩分によっても支配され，淡水では 4°C であるが，海水では -1.9°C である．表面の水温は高いが，水深が深くなると急速に水温が下がり，熱帯や亜熱帯の深海では海面では 25°C 以上であるが，水深が 1000 m 以深では 4〜5°C となる（図 5.1）．

地球上には，このような温度差が 20°C 以上の海域が広い範囲に存在する（図 5.2）．海洋温度差発電（OTEC）は，このような海水の温度分布特性を利用してエネルギーを取得する熱機関の一種である．その原理はフランス人のダルソンバール（d'Arsonval）が 1881 年に提唱し，その後クロード（Claude）が 1930 年にキューバで現地試験を

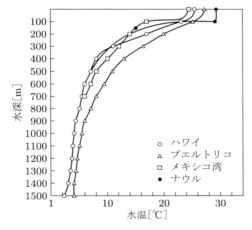

図 5.1 熱帯および亜熱帯地域の海洋の垂直方向温度分布 [1]

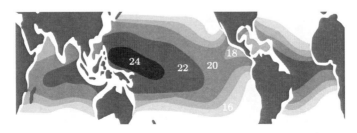

図 5.2 全世界の海の表層と深層 1000m との温度差分布 [1]

行い，実証している [1]．OTEC は，入力の変動が大きいほかの海洋エネルギーとは異なり，定常的な出力が可能であることに特長がある．現在は，現地試験の段階であるが，実用化が期待されている．

5.2 温度差エネルギーのポテンシャル

海洋温度エネルギーの資源量については種々の試算があるが，IEA（国際エネルギー機関）は，理論的な資源量の見積もりとして，10000 TWh と発表している．Wolff は，世界各地の海水の温度分布を調査し，海洋温度差発電の設置に適している海域を発表している．それによれば，表層と深度 1000 m の海水との温度差が 22°C 以上ある海域だけでも，6 千万 km^2 になる．

海洋温度差のエネルギー密度 $\overline{p}$ [W/m^2] は，海面の表面積あたりのエネルギー量として次式で求められる [2]．

$$\overline{p} = \frac{\overline{P}}{S} = \frac{c_p \cdot \rho \cdot h \cdot \Delta T}{\Delta s} \tag{5.1}$$

$$\overline{P} = \frac{c_p \cdot \rho \cdot h \cdot \Delta T \cdot S}{\Delta s} \tag{5.2}$$

ここで，$\overline{P}$：平均エネルギーポテンシャル (W)，S：メッシュの表面積 (m^2)，ΔT：温度差 (K [°C])，ρ：海水密度 (= 1024.78 kg/m^3)，h：利用可能な厚さ (= 100 m)，c_p：海水定圧比熱 (= 4.186×10^3 J/kg/K)，Δs：海水循環期間 (= 1000 年 = 3.1536×10^{10} s) である．

上式は，海面の水温から ΔT 低い深海の冷水層との温度差エネルギーを評価する一つの指標であり，表層の厚さを 100 m とし，冷水層は 1000 年で入れ替わるものとしている．

図 5.3 は，式 (5.1) に従って NEDO が日本周辺海域について推定した $\overline{p}$ [W/m^2] の分布である [3]．これによれば，北緯 25 度以下の南方海域では 0.3 W/m^2 以上のエネルギーポテンシャルがある．日本の経済水域での海洋温度差エネルギーの総量は，47 TWh としている．なお，とくにポテンシャルの高い地域は，南方地域に限られていることや，需要地と比較的距離があることには，留意が必要である．

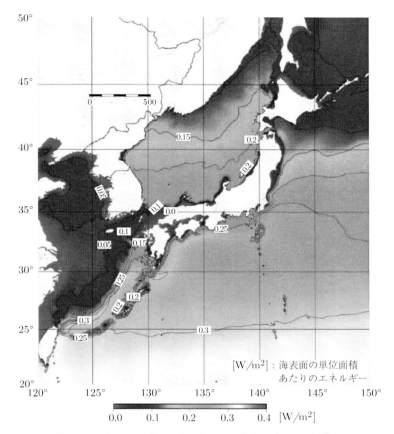

図 5.3　日本周辺海域温度差エネルギー密度 $\bar{p}$（NEDO）[3]

5.3　OTEC によるエネルギー取得原理

図 5.4 のように，深海に，両端が開いた長い管をほぼ垂直に立てるとする．管の下端を水深 600〜1000 m におくと，下端の水温は約 4°C 以下になる．上端は空中に出ていて，蓋をしてある．こうすることで，海面付近では温水と冷水が管を隔てて存在することが可能になる．

この温度差を利用して熱機関の原理により発電し，電力を取り出すシステムがOTEC（海洋温度差発電）である．

密度の違いのために海面と管内水面との水位差は 2〜3 m になるが，温度差エネルギーがそれ以上なら管内の冷水を海面に汲み上げて，熱機関として発電することが可

108　第 5 章　海洋温度差エネルギー

図 5.4　深海の底開き管

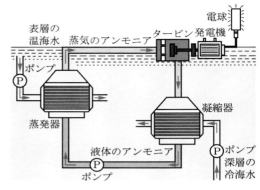

図 5.5　OTEC の原理（クローズドサイクル）

能になる．

　図 5.5 に，基本的な OTEC システムの原理を示す．主な構成機器は，蒸発器，凝縮器，タービン，発電機，ポンプからなる．これらの機器はパイプで連結され，作動流体としてアンモニアが封入されている．作動流体は，液体の状態でポンプによって蒸発器に送られる．そこで表層の 25～30°C の温海水によって加熱され，蒸発し，蒸気となる．蒸気は，タービンを通過することによって，タービンと発電機を回転させて発電する．タービンを出た蒸気は，凝縮器で深層より汲み上げられた 4～10°C の冷海水によって冷却され，再び液体となる．この繰り返しを行うことで，化石燃料やウランを使用することなく海水で発電することができる．

5.4　OTEC の方式

　海洋温度差発電の発電方式は，図 5.6 のように分類される．大きく分けて，オープンサイクル方式とクローズドサイクル方式の 2 種類がある．

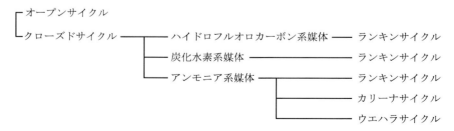

図 5.6　OTEC の種類（沖縄県久米島町，2011）[4]

5.4 OTECの方式　109

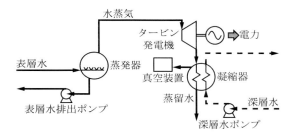

図 5.7　オープンサイクルの概略フロー（沖縄県久米島町，2011）[4]

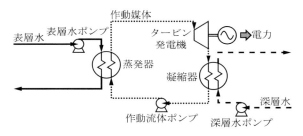

図 5.8　クローズドサイクルの概略フロー（沖縄県久米島町，2011）[4]

図 5.7 と図 5.8 はそれぞれ，オープンサイクルとクローズドサイクルのフローである．オープンサイクルは，アンモニアなどの作動流体を用いず直接海水を蒸発させる．我が国のサンシャイン，ニューサンシャインプロジェクトでは，オープンサイクル方式が主に採用された．アメリカでも当初，オープンサイクル方式が採用された．一方，佐賀大学では，OTEC の実用化推進のためには，クローズドサイクル方式が不可欠であると考えその技術に特化した．これまでの成果として，オープンサイクル方式よりクローズドサイクル方式が適しているとの評価を得ており，現在は，クローズドサイクル方式が国際的に主流である．なお，我が国においては，オープンサイクルにおける評価が海洋温度差発電の評価基準となっており，誤解されている面は否めない．

クローズドサイクルにおいて，海洋温度差発電のサイクル熱効率の向上を目指して，アンモニア/水を用いたサイクルが種々提案されている．関連の技術として，100°C 以下の低温熱源温度差発電，いわゆる廃熱発電，バイナリーの温泉水発電などでは，アンモニア/水を用いた数千 kW 規模の発電システムがすでに実用化され，長期に運用されている．一方，アンモニア/水の特徴として，非共沸混合媒体であるため伝熱性能の低下や相変化の際の急激な物性の変化などがあるので，これらを十分に考慮したシステム全体の評価と最適設計が極めて重要であり，課題となっている．

110 第5章 海洋温度差エネルギー

5.5 ランキンサイクルによるエネルギー吸収理論

上述のように，OTEC は作動流体が温海水で熱せられて蒸気を発生し，その圧力で発電する蒸気機関の一種である．出力 P は，次式のように，蒸気サイクルの基本であるランキンサイクルで推定される．

$$P = \eta_R \eta_T \eta_G K_E A_E \theta_E \tag{5.3}$$

ここで，η_R, η_T, η_G はそれぞれランキンサイクル効率，タービン効率ならびに発電機効率である．また，K_E, A_E, θ_E は蒸発器に関する係数で，それぞれ総括熱通過係数($\mathrm{W/m^2 K}$)，伝熱面積($\mathrm{m^2}$)ならびに対数平均温度差である．

そして，

$$K_E = \left(\frac{1}{\alpha_{\mathrm{Wf}}} + \frac{1}{\alpha_{\mathrm{W}}} + R_f \right)^{-1} \tag{5.4}$$

である．ただし，α は熱伝達率，R_f は生物汚れ係数で，下付き添え字 Wf と W はそれぞれ，媒体および海水を意味する．

また，

$$\theta_E = \frac{\Delta T_2 - \Delta T_1}{\ln \dfrac{\Delta T_2}{\Delta T_1}} \tag{5.5}$$

ここで，

$$\left. \begin{array}{l} \Delta T_1 = T_{wso} - T_{fi} \\ \Delta T_2 = T_{wsi} - T_{vo} \end{array} \right\} \tag{5.6}$$

であり，T_{wso}, T_{fi} はそれぞれ温水の蒸発器の出口，入口での温度，また，T_{wsi}, T_{vo} はそれぞれ作動流体の液体の入口温度と蒸発の出口温度である

OTEC の運転には温水，冷水ならびに作動流体のポンプの動力（それぞれ P_{WS}, P_{CS}, P_{WF}）が必要になる．したがって，発電出力 P_G の場合，正味の発電力 P_N は，

$$P_N = P_G - (P_{WS} + P_{CS} + P_{WF}) \tag{5.7}$$

である．このため，OTEC は P_G が大きくなければ，正味の発電力を大きくすることができず，発電コストが高くなる．

5.6 OTEC の複合利用

海洋温度差発電は，発電とともに持続的な海水淡水化や水素製造，リチウム回収など，複合利用が可能である（図 5.9）．

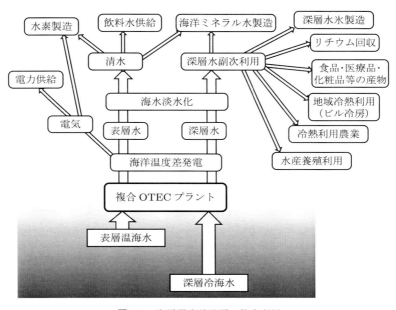

図 5.9 海洋温度差発電の複合利用

この際に製造した水素は，「Blue Hydrogen」としてアメリカで提案されている．また，パソコンや携帯電話などに不可欠なリチウムイオン電池の原料であるリチウムは，我が国にその資源はなく 100%輸入しているのが現状である．

海洋温度差発電の大きな特徴の一つとして，発電する際に汲み上げる「海洋深層水」の利用がある．電力だけでなく，この海洋深層水のメリットを活かし，豊かな水産資源を目指す「海洋肥沃化」，自立型の「海水淡水化」，「水素製造」，100%海外に依存している「リチウム回収」などとの複合的プロジェクトの実現が効果的である．海洋温度差発電とこの動力源を利用した大規模海洋深層水利用技術は，高知県や沖縄県の海洋深層水利用をはじめ，国際的に見ても我が国が卓越した技術と実績をもつ分野である．

112 第5章 海洋温度差エネルギー

5.7　技術開発の動向 [5]～[8]

5.7.1　アメリカ

アメリカでは，50 kW クローズドサイクル「mini-OTEC」や，200 kW のオープンサイクルシステムの実証試験以降，原油の価格低迷とともに，約15年近く海洋温度差発電の研究は低迷していた．当時，アメリカでは，原油1バーレル49ドル以上にならないと OTEC の経済性はないと評価していた．しかし，2007 年からのアメリカのエネルギー政策の転換によって，エネルギー省（DOE）を中心に海洋温度差発電の本格的な導入の検討を始めている．2008 年には，ハワイに設置する 10 MW の海洋温度差発電の検討に関して支援を始めた [9]．

アメリカエネルギー省の海洋エネルギー推進プロジェクト中に，海洋温度差発電が盛り込まれ，アメリカ国防省の NAVFAC（Naval Facilities Engineering Command）とともに進められている．民間では，1970 年代に世界で最初の浮体式の海洋温度差発電実証設備「mini-OTEC」を建設したロッキード・マーチン社が上記のような政府の支援を得て，本格的な取り組みを再開した．2008 年にはエネルギー省から 120万ドル，2009 年には国防省から 812 万ドル，さらに 2010 年にもエネルギー省からの助成金を得て，海洋温度差発電の要素技術開発（取水管や熱交換器など）や市場調査を実施している．とくに，我が国では，耐海水性に優れ我が国が国際競争力を有する薄板チタンを用いた熱交換器を主に採用しているのに対して，アメリカは，自国が国際競争力を有するアルミニウムを用いた熱交換器の開発に主力を注いでいる．

一方，ハワイ州の OTEC は，再生可能エネルギーの導入計画に基づくもので，ハワイ電力やエネルギー省とともに，海洋温度差発電を 2015 年までに 35 MW，2030年までに 365 MW 以上の導入する計画が盛り込まれている．

このような状況の中，NELHA（ハワイ州自然エネルギー研究所）が，既存の 1 MW用の取水管を用いた 1 MW プラントプロジェクトの国際公募を 2011 年 7 月に行い，アメリカの OTEC International が採用された．NELHA は，2015 年までに 1MWを完成させると発表している [10]．

5.7.2　フランス

フランスでは，政府主導で海洋温度差発電の推進を行っている．欧州における海洋再生可能エネルギーのリーダー的役割を波力，海流の分野でイギリスが担っている

中，フランスは，海洋温度差発電の研究において欧州で先導的役割を担っている．フランスにおける海洋温度差発電研究の歴史は古く，1881 年に世界で最初に海洋温度差発電を考案したことに始まる．1950 年以降，原油価格の下落等により研究開発は下火になっていたが，近年になって地球温暖化問題，原油価格の高騰等の影響から，再び海洋温度差発電への関心が高まっており，フランス政府は国をあげて研究開発を推進する意向を示している．

近年，フランス政府造船局（Direction des Constructions Navales：DCN）を前身とする DCNS 社が，2015 年までに 10 MW 規模の実証機を建設する計画を発表した[11]．

同社は 2009 年 4 月に，インド洋の仏領レ・ユニオン島地方政府と研究開発に関する合意を締結し検討を開始するとともに，2010 年からはタヒチ島における実施可能性調査も行っている．とくに，このタヒチにおける 5 MW 規模の海洋温度差発電のFS では，日本の海洋温度差発電のエンジニアリング会社が，フランス政府からの依頼で協力・参画している．

フランスの海洋エネルギー開発の中心的な役割を担っている海洋開発研究機構（IFREMER）は，2020 年までに最終消費エネルギーに占める再生可能エネルギーの割合を 20%に引き上げるという環境グルネル会議 6 で提示された目標の達成を前提に，海洋エネルギーの寄与度について試算している．試算は四つのシナリオ別に行われており，ベストシナリオにおいて，200 MW の海洋温度差発電が導入されると試算されている．

5.7.3 佐賀大学の研究

海洋温度差発電の高性能化については，佐賀大学海洋エネルギー研究センターにおいて，作動流体として従来のアンモニアからアンモニア/水を用いた研究が行われている．これまでの成果として，30 kW のシステムにおいて正味出力が得られることを示している（図 5.10）．

副次利用については，約半年の連続運転で実海水からのリチウム回収に成功している．最終評価として，11000 倍の濃縮結果が得られた（図 5.11）．

佐賀大学では，アンモニア/水を用いた 30 kW 海洋温度差発電において，2 週間の連続運転を行い，安定した運転を確認している．紙面の都合上種々の結果は省略するが，温度差 23°C の実験データ条件において，理論的な最大出力に対して，約 25%程度の正味出力が得られている（図 5.12）．ここで，正味最大出力とは，利用する海水の流量と温度に対して，理想的なカルノーサークルを利用して得られる最大の出力であ

第 5 章　海洋温度差エネルギー

図 5.10　30 kW 海洋温度差発電システム（佐賀大学）

図 5.11　リチウム回収システムと取り出したリチウム（佐賀大学，北九州市立大学）

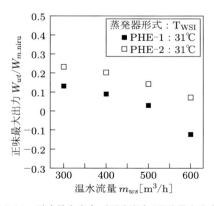

図 5.12　正味最大出力（正味出力/理論最大出力）

る．これまでの実験において，正味出力比（正味出力/発電出力）として最大70%を得ている[10]．

5.7.4 海洋深層水利用

実用化の点では，海洋温度差発電より海洋深層水利用が先行している．1986年に科学技術庁のプロジェクトとしてスタートした海洋深層水利用は，1989年に日本最初の陸上型海洋深層水施設が設置されて以来，我が国において全国的規模で利用され，新たな産業の創出に貢献している．我が国の陸上型取水施設は，取水量が日量数100トンから約13000トン（久米島の総計）規模である．この海洋深層水利用技術は，国際的にも我が国はアメリカとともに先導的な役割を担っており，その成果が台湾をはじめ国際的に広がっている．

海洋深層水の主な特徴は，低温安定性，富栄養性，清浄性であり，電力のみでなく，食品・飲料への利用，医療分野への利用，豊かな魚場造成のための海洋肥沃化などが注目されている．

海洋深層水の海洋肥沃化への利用分野では，マリノフォーラム21のプロジェクト「拓海」において，世界で初めて浮体型で日量10万トンの海洋深層水を汲み上げる実証実験に成功し，台風等にも耐える技術であることが検証された．この関連の技術では，国際的にも卓越した技術として高い評価を得ている．このように，海洋深層水利用技術の分野では，これまで多くの成果が得られている．ただし，海洋深層水を利用した海洋肥沃化を効果的に行うためには，日量50万トンから100万トン以上のプロジェクトによる検証が必要といわれている．

一方，沖縄県では，複合利用の高度化および深層水のカスケード利用を目指して，2012年度のプロジェクトとして100 kW規模の実証プラントの設置を発表している．現状の取水管を利用して，水産や農業で複合利用する前の海水を運搬する予定である．

5.8 沖縄県のプロジェクト[13]

海洋温度差発電の実証プロジェクトが，2013年度から沖縄県久米島で24時間の連続運転として始まった．これは，世界に先駆けたOTECのプロジェクトとして，国内外で注目されている．沖縄県は，島しょ地域であるため化石燃料への依存割合が非常に高いことから，化石燃料の代替エネルギーとして，それぞれの離島の地域特性に即した風力発電，太陽光発電等の再生可能エネルギーの導入拡大に取り組んでいる．

このような状況の中，沖縄県内で長年取り組まれている海洋深層水および表層水を利用する発電，いわゆる海洋温度差発電の利用方法について，久米島町の海洋深層水研究所において実証事業を実施した．

5.8.1　海洋深層水の利活用

　沖縄県で最初に海洋深層水の利活用が提案されたのは，1986年に県が実施した「沖縄県海洋科学技術基本構想調査」においてである．その調査では，亜熱帯環境にある沖縄海域での海洋深層水利用技術開発について，3タイプが提案された．その後，海洋深層水へ関心の高まりを受け，沖縄県では1994年度に「研究拠点立地条件等調査」を行い，沖縄近海の海洋深層水の特性を確認するとともに，取水・研究施設の適地として県内3か所を候補地とした．その調査では，当初，沖縄県周辺で25か所の取水適地が示されていたが，海岸からおおむね3km以内で水深600mに達するとして，沖縄本島の国頭村辺土岬，粟国島，久米島の3か所が候補地として選定された．

　1995年度には，「沖縄型海洋深層水総合利用システム開発調査」で具体的な利活用方法の検討を行い，海洋深層水の取水・研究施設の立地場所に久米島の仲里村美崎地先が選定された．

　那覇の西およそ100kmに位置する久米島の海水温は，表層で冬期22℃，夏期28℃と変動するが，200m以深で安定し，600m地点で約9℃となっている．栄養塩類は，ほぼ200から300mまでが貧栄養層となっており，それ以深より増加傾向を示している．また細菌数は，400m以深で極めて少なくなっている．これらの調査結果から，冷熱利用，富栄養性利用のためには，取水深度を600m以深とする必要があることが確認された．

　このような経緯を経て，1996年度には海洋深層水総合利用の基本方針を定め，1997年度に実施計画を作成，1998年度からは研究施設の整備に着手し，2000年度に旧仲里村：現久米島町において沖縄県海洋深層水研究所が開所した（図5.13）．

　久米島の海洋深層水研究所では，現在，島の北東側の東シナ海側，沖合約2.3km，水深612mから海洋深層水の取水を行っており，全国的にみても最適な取水地となっている．また，取水量は日量13000トンと国内最大規模で，これは全国で取水されている海洋深層水の約28%を占めている．取水用パイプラインは内径280mmの特殊ポリエチレン管を2条設置している．

　この施設は，研究施設（リサーチエリア：3.3 ha）を中核とし，企業用地（ビジネスパーク）が周辺に配置されている．研究施設では水産および農業分野を中心に一部

図 5.13 沖縄県海洋深層水研究所とその周辺 [4]

食品加工関係施設を配置しており，研究所内にオープンラボを設置し，企業や他の研究機関に提供するほか，水産，農業分野についてはインキュベーターを設置し，一定期間生産者等に賃借し産業化を支援している．また，海洋深層水の資源特性を効率よく利用するため，農業による冷熱利用と水産利用を組み合わせた多段利用方式を採用していることも大きな特徴である．応用分野ごとの利用方法については，水産・農業分野で利活用のための技術開発を行い，島内・県内の生産者・企業等へ開発された技術を移転し，産業化を図っている．

現在，これらの深層水は，久米島の重要な産業および雇用を支える貴重な水となっている．一層の活性化を目指すにあたっては，深層水が非常に不足しているのが現状である．久米島では深層水の利用増大を町全体で目指す「海洋深層水複合利用推進協議会」を設置して，より大規模な海洋深層水の利用促進を目指している．

このような状況の中，2011 年 3 月に「緑の分権改革推進事業」として「久米島海洋深層水複合利用基本調査」を行い，1 MW 級の OTEC とともに深層水利用の詳細なフィージビリティ・スタディ（FS）がまとめられ，その可能性が示されている．

5.8.2 海洋温度差発電の実証事業

沖縄県は，エネルギー自給率の向上，エネルギー供給源の多様化を図る必要があり，その一環として，海洋深層水を利用する海洋温度差発電について，将来の大型化，商用化に向けた実証事業を平成 24 年度から久米島で実施した．

事業費は，約 5 億円である．主な実施内容は，つぎのとおりである．

- 発電プラントを設置し，研究所が取水する海洋深層水および表層水の一部を利用

118 第5章 海洋温度差エネルギー

して発電させ，天候，海水温の変化にともなう発電量等を計測
- 安定した出力を得るための技術に関する実証試験
- 海洋深層水および表層水のより高度な複合的利用についての検討

事業実施期間は，平成24年度～平成26年度の予定である．
- 平成24年度：発電プラントの建設
- 平成25年度～平成26年度：実証試験

プロジェクトは，IHIプラント（IPC），横河電機，ゼネシスの共同企業体（JV）として建設が行われている．

本章はじめにプラントの現状写真を示す．2013年6月に発電式が行われた．

5.8.3 沖縄プロジェクトの特徴と意義

上記の事業は，沖縄県海洋深層水研究所において取水している海水（表層水および深層水）の余剰分を利用することにより，現状の海水利用者（研究所および民間企業）に影響を与えないことを優先し，その範囲内で意義のあるスケールの海洋温度差発電の実証設備設置～運転，および発電利用後の深層水の利用のためのデータ取得を行う．

実証設備は二つのユニットによる構成とする．うち一方は，海洋温度差発電の重要項目である長期連続運転を可能とする．これにより技術信頼性を向上させ，将来の1MW，10MW発電に向けた展開に寄与することを目的としている．

この発電実証設備は，海洋温度差発電技術のうちもっとも大型化・商用化に適しているとされる，クローズドサイクル式を採用している．作動流体には，初期段階として純物質HCF134aを用いる．

5.9 国際標準化

国際電気標準会議（IEC）は，IEC/TC114を2007年に立ち上げ，欧米各国を中心に海洋発電分野の国際標準化に向けた取り組みを開始した．この国際標準化では，波力発電や潮流発電が先行しており，かなり完成度の高いものとなってきている．一方，海洋温度差発電に関しては，長く本IEC/TC114の中で取り組まれてこなかったが，2011年に韓国が，この分野のリーダシップを発揮すべく，「114/78/NP: Guideline for design assessment of Ocean Thermal Energy Conversion（OTEC）system」（海洋温度差発電システムの設計評価のためのガイドライン）として提案を行い，規格番号TS62600-300として承認された．

その項目は，

1. Scope

2. Normative references

3. Terms, definitions, symbols and abbreviated terms

4. General requirements and conditions

5. Principles of limit states design

6. Basic variables

7. Analysis

8. Design requirement for waterducting system

9. Design of heat pump system

10. Platform design

11. The other considerations

12. References

となっているが，今後のその詳細についての検討が今年より始まる．とくに，機器の規格に ISO の石油・天然ガスの規格を基準にする過度な傾向があるが，海洋温度差発電に適合した基準が望まれる．なお，IEC/TC114 に関して，我が国では，(社)電気学会が国内審議団体（事務局：J-POWER）となり対応している．

　一方，2012 年度，EC/TC114 において国際標準化作業が進められている海洋発電システムについて，エンジニアリング協会内に海洋発電システムの専門家からなる「海洋発電システム国際標準化戦略委員会」が設置され，国内の研究開発者等からの国際規格化提案，海外規格化提案に対する意見等についての調査，検討，取りまとめが行われた．その際，海洋発電の技術ごとに，波力発電標準化専門部会，潮流・海流発電標準化専門部会，海洋温度差発電標準化専門部会，係留システム標準化専門部会が設置された．その詳細は，参考文献 3) を参照してほしい．

5.10 経済性と課題

　海洋温度差発電の経済性，いわゆる発電コストは，設置する地域において得られる温度差，その季節的変動や設置形式，海底地形，送電方法等によって大きく変わるため，一様な基準で簡単に算出することはできない．これを踏まえて，海洋エネルギー資源利用推進機構（OEAJ）の海洋温度差発電部会は，海洋温度差発電の経済性を算出している（参考文献 1)）．数百 kW 以下の規模では，発電のみで経済性を成立させることが困難であるため，他の海洋深層水利用と複合させることが推奨されている．

1000 kW 規模では太陽光発電並みで，離島などのディーゼル発電を用いている地域では，その電力の安定性と合わせてメリットが活かせるとしている．一方，スケールメリットが大きい発電設備であることから，本格的な電力供給としては，10 MW 以上の規模が見込まれている．

再生可能エネルギーの利用促進が緊急の課題として掲げられる中，上述のように海洋温度差発電は，地熱発電のような「安定性」や海洋深層水との「複合利用」，「スケールメリットによる経済性」などの特徴を有するため，アメリカやフランスを中心に，実証による研究開発が精力的に進められている．我が国でも 2011 年，NEDO を中心に本格的なプロジェクトが始まった．本来，エネルギー密度の極めて低い再生可能エネルギーであるため，本格的な実用化には残された課題があるが，我が国においてもアメリカと同様に，これまでの成果をもとに ALL-JAPAN 体制で，1000 kW 級による長期運転の実証試験が重要といえる．

21 世紀の我が国のみならず世界的なさまざまな課題を解決し，持続可能な発展を行うため，「エネルギーの多様化」の一つとして進められている海洋温度差発電の研究開発および実用化が，多くの関係者の協力・支援のもとに加速されることを強く期待する．

表 5.1 海洋温度差発電の技術開発目標 [14]

■海洋温度差発電技術ロードマップ [15]

一方，独立行政法人 NEDO（新エネルギー・産業技術総合開発機構）が 2010 年 7月に刊行した「再生可能エネルギー白書」では，海洋温度差発電の目指す姿が掲げられている．これを受け，同白書では，技術開発のロードマップを表 5.1 のとおりに示している．なお，海洋温度差発電の最近の動向は，同白書第 2 版[16] に示されている．

参考文献

1) 佐賀大学海洋エネルギー研究センターホームページ，http://www.ioes.saga-u.ac.jp
2) 中岡勉ほか：海洋温度差発電設置のためのフィジー海域の海象調査，OTEC，Vol.9，pp.45-101，佐賀大学海洋エネルギー研究センター，2003.
3) 新エネルギー・産業技術総合開発機構 (NEDO)：海洋エネルギーポテンシャルの把握に係る業務，図 3-3-2-2，p.35，2011.
4) 沖縄県久米島町，久米島海洋深層水複合利用基本調査（緑の分権改革推進事業）調査報告書，2011.
5) 永田修一，池上康之：海洋エネルギー，電気科学技術奨励会編，現代電力技術便覧，オーム社，2007.
6) 上原春男：海洋温度差発電読本，オーム社，1982.
7) 本間琢也，黒木敏郎，梶川武信：海洋エネルギー読本，オーム社，1980.
8) 新エネルギー・産業技術総合開発機構 (NEDO)：海外レポート No.1001，2007.
9) http://www.lockheedmartin.com/
10) OTEC International LLC, 2011 Web
11) http://en.dcnsgroup.com/
12) 佐賀大学海洋エネルギー研究センター：特集「沖縄県久米島の海洋温度差発電実証プロジェクト」，研究報告（平成 12 年度），pp.2-5，2013.
13) 池上康之：海洋温度差発電，海洋エネルギー資源フォーラム 2010，2010.
14) 出典：新エネルギー・産業技術総合開発機構 (NEDO)「NEDO 再生可能エネルギー技術白書 平成 22 年 7 月版」.
15) 新エネルギー・産業技術総合開発機構 (NEDO)「NEDO 再生可能エネルギー技術白書 平成 22 年 7 月版」より作成.
16) 新エネルギー・産業技術総合開発機構 (NEDO)：NEDO 再生可能エネルギー技術白書第 2 版，森北出版，2014.

第 6 章

その他の海洋エネルギー

海洋がもつ再生可能エネルギー

　海洋エネルギーを含む再生可能エネルギーが「今後，もっとも急速に発展していくエネルギー」であるという予測され，今後 40 年間で世界のエネルギー需要の 80％近くを供給できると見積もられているが，そのためには各国が必要な政策を実行することが条件となる．

　また，再生可能エネルギーのあらゆる技術が導入された場合，温室効果ガス濃度は安全性の限界と推測されている 450 ppm 以下に抑えられる．いまこそ，安心で安全なエネルギー供給と同時に，温暖化も抑える社会へと変革していくときである．

6.1　洋上風力発電

　風力発電については，実用化を目指して，過去 30 年で陸上において数々の実証が行われてきた．現在，陸上風力発電の技術は，タービン設計，新材料の適用，信頼性向上，エネルギー回収率の向上さらに保守運用コストの低減で成熟してきた．それにより複数の風力発電装置を大規模に配備したウィンドファーム（wind farm）が形成され，発電所としての利用が拡大している．

6.1 洋上風力発電 **123**

しかし，陸上の風況のよい土地選択の困難，さらに立地制約などの面で，風力発電の適地が減少してきた．そこで，風力発電の導入拡大を図るために，一般に風況が優れ，膨大なポテンシャルを包含する洋上に視点が向けられてきた．新たな技術として，洋上での風力発電装置の展開が登場してきたのである．そこで本節では，風力発電の分野のうち洋上風力発電に限定して示す．

洋上風力発電は大別すると，装置本体の一部を海底に固定する着床式と，装置本体を海面に浮かせた浮体式に分類され，歴史的には欧州を中心に着床式から始まり，現在は欧米および日本で一部浮体式の洋上風力発電の開発研究が行われている．

洋上風力発電は陸上風力発電と比較し，つぎのような大きな利点があげられている．①風況が良く，乱れが少ない．②土地や道路の制約がなく大型風車の導入が比較的容易．③景観や騒音への影響が少ない．このため大型風車の設置が可能で，安定した発電効率が達成される可能性が高い．

一方，洋上風力発電はコストが比較的高い．コストが増加する主な項目をまとめると，①洋上風車を設置する基礎地盤の特性，②洋上風車の建設費および維持管理費，③洋上変電設備および海底ケーブル，があげられる．これらの課題を解決する技術開発が必要となる．

6.1.1 着床式の現況

洋上の利点は，風の平均風速が陸上に比べて高く，安定，かつ乱れが少ないことである．とくに広い海面が利用可能で，大型風車や，複数の洋上風車により陸上より大型のウィンドファームが形成しやすい．そのため，欧州では，出力が 4.5〜5 MW の洋上の専用風車の製作が進んでいる．陸上とは環境条件が大きく異なるため，陸上風車とは違った技術的対策が必要な項目がある．とくに洋上の湿度・塩分を考慮しなければならず，さらにアクセスが常時できないため，補修・メンテナンスの必要性が少ない信頼性の高い安全な装置が必要とされる．

洋上風力発電は欧州が先行し，2009 年までに稼働したウィンドファームは，水深 25 m までの沿岸の浅い海域のものは，モノパイル式，重力式やジャケット式などの着床式である．パイルを用いた構造では，大口径化が進み，さらに地盤の挙動にも注意が払われた．風車を稼働すると地盤の特性により固有振動が発生し，風車本体との共振が起こるため，安全性の検討が進んでいる．

洋上風力発電のコストは，基礎の設置コストの影響が大きく，設置海域や設置水深によって異なる．目標発電コストは陸上で 7.2 円/kWh 以下であるのに対し，浅海域

では 8.5～11.1 円/kWh 以下，深海域では 11.1～14.5 円/kWh である．

（1）海外の着床式

欧州における着床式洋上風力発電の研究開発で注目を集めたのは，1991 年にデンマークで 11 基の洋上風車が建設された装置で，水深 2～6 m の遠浅の海岸に設置された（図 6.1）．その後，風車の大型化や発電効率の向上により，さらに水深は深くなり，出力 5～7 MW 装置の運転が行われ，多くの貴重な経験を積んできた．とくにイギリスは洋上風力発電に積極的に取り組んでおり，2020 年までに 40 GW の設備容量を目標にしている．

欧州では，建設費あたりの発電量を増やす目的で風車の大型化が進み，主要な装置については 30～50 MW 級の商業運転も始まっている．

イギリス政府は洋上風力発電の一層の促進を計画し，世界最大となる London Array という超巨大風力発電所の計画を示している．また，欧州風力発電協会は，2020 年までに 40 GW，2030 年までに 150 GW の洋上風力を開発するという野心的な目標を掲げ，欧州各国でつぎつぎと大規模洋上風力発電所が建設されている．

図 6.1　Middelgrunden Wind farm デンマーク[1]

（2）我が国の着床式

国内で稼働している洋上風力発電装置は，沿岸の浅い海域にパイルを打ち，その上部に風車を取り付けた装置が多い．護岸水路内に取り付けた，サミットウィンドパワー酒田（2004 年，山形県酒田市），防波堤付近に取り付けた，せたな町洋上風力発電所「風海鳥」（2004 年，北海道瀬棚町），護岸付近に取り付けた，ウィンド・パワーかすみ（2010 年，茨城県神栖市）等があるが，いずれも陸上から近いことから，基本的には陸上風車技術の延長線上に位置する着床式の洋上風力発電装置である．本格的な着床式洋上風力発電の実証研究は，千葉県銚子市および福岡県北九州市の沖合で実

施されている.

　太平洋側と日本海側に設置することで，洋上の風況特性を定量的に評価することが可能になり，風車に作用する風荷重の評価や，風況予測手法の検証が可能となる．これらの成果は，今後，洋上風車の発電量予測などに活用されることが期待される．とくに我が国周辺は台風の通過があり，大型の風車設置とメンテナンスの経験がないため，洋上風力発電が普及していく上で設備の安全性，信頼性，経済性に関するさまざまな課題がある．中でも大きな課題は高コストで，風車，基礎，海底ケーブルの設置工事のコストは陸上の約2倍といわれ，さらに運転開始後の維持管理についても多くの費用を要する．

　千葉県銚子市の沖合約3 kmの海域に設置した2.4 MWの洋上風力発電装置は，風車の基礎部分を海底に固定した着床式である．その発電電力を陸上に送電することで，風車の信頼性や継続的に発電を行うために不可欠なメンテナンス技術など，沖合洋上風力発電の導入や普及に必要な技術データが得られる．

　福岡県北九州市沖約1.4 kmの海域に設置した2 MWの洋上風力発電装置は，銚子の設備と同様に発電電力を陸上に送電することで，普及に必要な技術の確立を目指している．

6.1.2　浮体式の現況

　浮体式洋上風力発電は，着床式の水深が増加するのにともない設置コストが増加することから提案された方式である．浮体式は着床式に比べコストの水深依存性が低くなるので，一般に，水深が50 mよりも深い海域では着床式よりもコスト的に有利であるとされ，浅海域が少ない地域に適した洋上風力発電として推進されている．

　すでに風車部分，浮体部分の個々の技術はほぼ確立しており，現在は全体システムの最適化，揺動による発電損失の最小化，大水深での施工方法の確立が課題となっている．

　浮体式に関しては種々の方式が検討されてきたが，構造および係留方式からの分類は，緊張係留式，セミサブ式，スパー式の3方式に大別される．浮体式は海上に浮かぶ構造物であるため，安定性や安全性を確保するために，構造物のメタセンターを高くする方式や，重心を下げ復原性を確保する方式も提案されている．

（1）　海外の浮体式

Blue Hはオランダの会社が，2007年，イタリアの南東で岸から約21 km，水深113 mの海域に建設した，出力80 kWの世界初の緊張係留式の浮体式洋上風力発

電施設である．1年間の洋上実験を実施し，各種のデータを取得して 2008 年に運転を終了した．

ノルウェーの Hywind は，スパー型浮体式で 2.3 MW の発電能力をもつ．実用を目的として，2009 年，ノルウェーの沖合 10 km の水深 220 m の北海で，海底に 3 本の鎖で係留された筒状の浮体の上に，高さ約 65 m の風車を搭載した[2]．この装置により，これまでの洋上風力発電の概念が大きく変わり，潜在的に巨大な市場があることを示した．

2011 年ポルトガルの WindFloat プロジェクトは，水深およそ 50 m の海域に，20 MW の発電能力の風車を三角形のセミサブ型浮体に搭載し，海底に 4 本の鎖で係留された．

いずれの実証研究でも，建設されたのは浮体式洋上風力発電設備 1 基のみであり，将来大規模浮体式のウィンドファームを実現するためには，いくつかの技術的な課題が残されている．

（2） 我が国の浮体式

日本の海岸線は急激に深くなる場所が多いので，海底に固定する着床式よりも，深い海域でも設置できる浮体式の開発が期待されている．このため，政府は 2018 年をめどに浮体式洋上風力発電を実用化する目標を掲げ，長崎県と福島県の沖合で実証研究を行うとともに，世界市場における競争力の高い風力発電システムの開発を目指している．

そこで，日本独自の浮体式の研究開発を積極的に実施する必要がある．このため，まず，100 kW 以下の試験装置を設置して各種の調査を行い，2 MW 級の実証機を目指して推進している．

その一環として，長崎県・五島列島の椛島沖約 1 km 沖に 2 MW の浮体式洋上風力発電機を完成させた（図 6.2）．浮体部分は製作コストを低減するため，海中部分は工場で大量生産可能なプレキャストコンクリートとし，上部は鋼製のハイブリッド構造の円筒形状のスパー型とした．係留方式はカテナリーチェーンと重力式アンカーを採用し，風車はダウンウィンド型 2 MW 出力である．本体は全長 170 m の縦長の浮きのような形で，直径 80 m の風車部分が海上に浮かび，波や風で傾いても自然に起き上がるよう設計されている．通常，心臓部となる発電機などは羽根の回転中心部（ナセル）に納められている．

6.1 洋上風力発電　127

図 6.2　長崎県・五島列島の浮体式風力発電機 [3)]

　福島県では，沖合 20〜30 km に浮体式洋上風力発電の建設が進んでいる（図6.3）．2020 年までに 100 基以上の風車を建設する計画であるが，実証実験は 2 MW の風車1 基から開始し，第 2 期の試験では 7 MW の大型油圧式風力発電装置など 2 基を建設する．現在，開発が進められている 7 MW クラスの超大型風車は，風車が生み出す回転力を歯車ではなく油圧で発電機に伝える動力伝達装置をもち，メンテナンス性を改善した世界に類をみない新しい風車である．風車を大型化するためには故障しやすい増速機の増速率を高める必要があり，技術的ネックになっていたが，油圧ドライブでその課題をクリアできれば，10 MW 規模への対応も容易になると期待されている．

図 6.3　発電設備の「ふくしま未来」[4)]

　以上の研究開発は，浮体式洋上風力発電のビジネスモデルを確立し，大規模浮体式洋上風力ウィンドファームの事業展開を実現することに大きく寄与する．実現するために欠かせない項目として，漁業との共存，航行安全性や環境影響の評価手法を確立

することがある．

　国内でもっとも早く浮体式洋上風力発電の実証実験を試みたのは九州大学である（図6.4）．その装置は博多湾で風レンズ風車（3 kW）2台を搭載した直径18 mの六角形浮体で，陸上と洋上で同型装置を稼働させ，洋上が陸上の2倍以上の発電量を記録している．また，台風通過時の風速30 m/sの経験を積み，これらの計測結果が報告されている．

図 6.4　博多湾における浮体式洋上風力実証実験(九州大学) [12]

　一方，浮体式に適した風力発電機の構造を見直す研究開発では，重心を下げる装置の開発も提案され，実証実験が試みられている．そこで開発されたのがダリウス型風車で，回転軸を垂直に取り付け，機構部を支柱の根本に取り付けることで，重心を低くし，浮体甲板上でのメンテ作業などを可能にした．実証するダリウス風車は直径28 m，高さ50 mとコンパクトであり，浮体下部に取り付けた潮流水車と組み合わせ，900 kWの出力である．

（3）　将来の大型浮体式風力装置の構想

　今後，大規模浮体式洋上風力ウィンドファームの事業展開を実現する場合，複数の浮体式装置を同じ海域に設置するタイプと，浮体1機に複数の風車を搭載する一体の浮体構造物となるタイプが提案されている．これには浮体構造物の大型化が必要になり，装置を一定の海域に止めておく係留技術がそのカギを握る．

　風エネルギーが高く係留も困難な海域での発電を考慮すると，沿岸から遠く離れた海域での発電が可能なセイリング式が提案されている．今後の水素社会を見据えたエネルギー政策を視野に，セイリング式の風力装置で水素転換などの新技術が検討されてきた．

セイリング式は，ある一定の範囲に留まる能力をもち，または風のよい海域を求めて移動することが可能なことから，設備利用率も大幅に向上する．また，移動できる能力があれば，台風など荒天を事前に避けることが可能で，安全性が向上する．短所あるいは特徴として，発電電力を陸に送れないため，水素製造や貯蔵のための装置が必要となり，重量が増加する．一方，高性能な二次電池の開発が進むと，エネルギー貯蔵ができ利用の幅が拡大する．

現在の構造設計では，本体の長さ 1880 m，幅 70 m の長細い浮体形状で，5 MW 級の風車を 11 基搭載する構想である（図 6.5）．

図 6.5　セイリング式洋上風力発電構想[5]

6.2　塩分濃度差発電

淡水の河川水が塩分のある海水と混ざり合うと，エネルギーは放出され，その海域の水温はわずかにであるが上昇することが知られている．このエネルギーをみえる形で表現すると，海水と淡水の間では，海水の塩分濃度により異なるが，2.4～2.6 MPa の水頭差が発生することが知られている．

この原理を利用してエネルギーを取り出す試みを塩分濃度差発電という．塩分濃度差発電は 2 種類の基本的なコンセプトが示されている．一つは逆電気透析法（reverse electrodialysis: RED），二つ目が浸透圧法（pressure-retarded osmosis: PRO）である．浸透圧法での発電に関しては，2009 年に，ノルウェーで世界初の 5 kW の発電パイロットプラントが稼働した．

塩分濃度差発電の特徴は，太陽光発電や風力発電と異なり，天候・気象や昼間/夜間などの変化の影響を受けずに安定的に発電が可能，また発電施設が比較的コンパクト，などといわれるが，大規模な電力が必要な場合はダムなどの大型施設も必要とする．

6.2.1 逆電気透析法

逆電気透析法は，2種類の溶液の化学ポテンシャルにおける差を利用する方法で，Weinstein and Leitz により示された．陽イオン交換膜（CEM）と陰イオン交換膜（AEM）を図 6.6 のように配置し，その間に塩水と淡水を交互に流し接触させる．塩水中の陽イオンは膜を通って淡水側に，陰イオンは同様に陰イオン膜を通って淡水側に移動する．この結果，電位差が生じ，電極を取り付けることにより，電力を取り出すことが可能になる．一対の電極あたり，0.158 V が得られるので，必要に応じて複数のモジュールを用いることにより，高い電位差を得ることができる．

熱力学的エネルギー効率は 14〜35％ と示されており，理論的な最大効率が 50％ であるので，再生エネルギーの変換効率としては高い．

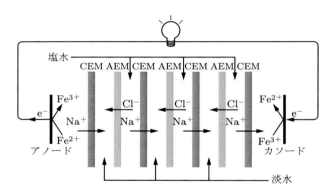

図 6.6　逆電気透析システム（van den Ende and Groeman, 2007）．
　　　　注：CEM＝陽イオン交換膜，AEM＝陰イオン交換膜，Na＝ナトリウム，
　　　　Cl＝塩素，Fe＝鉄 [6]

6.2.2 浸透圧法

浸透圧法は浸透圧発電ともよばれ，化学ポテンシャルを圧力として活用する方法で，1970 年代に初めて提案された．この原理は，海水と淡水の二つの液体間の塩分濃度差で自然に生じる浸透圧を利用する．濃度の異なる 2 液には混ざり合おうとする強い傾向があり，それは液体間の圧力差と浸透圧差が等しくなるまで続く．すなわち，海

6.2 塩分濃度差発電　131

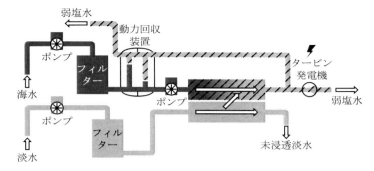

図 6.7　浸透圧発電プロセス (Scråmestø. et al., 2009)[6]

水と淡水の間に浸透膜をおくと，水分子は塩水を含む海水側に浸透し，結果として2液の間にヘッド差が生じる（図6.7）．

これまでの検討では，海水は浸透圧発電の膜モジュールに入る前に，浸透圧の半分程度に加圧される．淡水はこの膜を通して加圧された海水側に移動し，その結果海水は希釈され，全体の質量を増す．希釈水は二つの流れに分かれ，その一方である1/3は水力タービン側に流れ，発電に寄与する．残りの2/3は入ってくる海水の加圧のために用いられる．最終的には環境を考慮し，二つの流れは混合して，河口に戻す．

6.2.3　塩分濃度差発電の利用

塩分濃度差発電は，まだ構想段階，あるいは研究および初期試作段階である．しかし，海水の淡水化事業は進んでおり，この事業で得られる塩濃度の高い海水と，飲料水としては利用できない淡水があれば，利用は加速される．

浸透圧発電の研究は，ノルウェーで2009年から，産業目的に運転試験が続けられている．その目的は1日24時間信頼できる発電が行えるかを確認することであり，さらに効率向上の技術開発や膜の開発にも力を注いでいる．一方，逆電気透析法はオランダで大型堤防を使う構想があり，200 MWの発電所を建設するために，75年間使用したAfsluitdijk堤防の改修工事と合わせて装置を組み込む計画である．

塩分濃度差発電所は，大型のダムを使用しない場合は，河口に建設されることが想定される．一般に，主要河川の河口には大都市が形成され，電力の需要地と供給する塩分濃度差発電所が近いという有利さを備えている．この場合は景観を配慮して，一部のプラントを地下に建設することも考えられる．

132 第6章 その他の海洋エネルギー

コラム ••• 洋上風力発電の進展と海洋バイオマスエネルギー

　世界の洋上風力発電の進展は素晴らしく，英国はイングランドとスコットランドで大規模な計画がスタートし，発電コストは当初の予想より下回ると見込んでいる．また，国内においても洋上風力発電の導入は進み，鹿島港で大規模な発電施設の建設が始まった．とくに注目に値するのは，資金調達をファイナンス会社が後押ししていることだ．

　その他の海洋エネルギーには，海洋バイオマスエネルギーがある．とくに着目されているのは海藻で，光と CO_2 を資源として，高速かつ大量培養するシステム開発が進んでいる．生産される海藻資源は食料，健康食品，肥料などに加え，バイオ燃料などのエネルギーや工業原料として利用される．

　海藻類の特長は生長が早いことであり，近年開発された非着床型藻類により，連続的に培養可能となり海藻工場が可能となる．とくに大型藻類は多糖類であり，エタノール発酵が可能で，また，海洋性の微細藻類には油分を抽出するものがあり，海洋原油資源として取り扱える可能性が検討されている．

　海洋バイオマスエネルギーは，その利活用の学術的基盤が構築され，我が国のエネルギー問題と地球温暖化問題の低減，海洋の開発と新規雇用の促進など，社会に大きな影響を与える要素を備えており，世界のエネルギー問題と地球温暖化問題を解決する大きな可能性を秘めている．

参考文献

1) http://en.wikipedia.org/wiki/Wind_power_in_Denmark
2) www.offshorewind.biz/2013/07/05/usa-statoil
3) 五島市情報サイトまるごとう
4) 福島洋上風力コンソーシアムホームページ
　 http://www.fukushima-forward.jp/
5) 国立環境研究所　環境儀　No.34.
6) IPCC 2012: IPCC Special Report on Renewable Energy Sources and Climate Change Mitigation. Prepared by Working Group III of the Intergovernmental Panel on Climate Change. Cambridge University Press.
7) 木下健ほか：海洋再生エネルギーの市場展望と開発動向, サイエンス&テクノロジー(株), 2011.

8) NEDO：風力発電の技術の現状とロードマップ，再生可能エネルギー技術白書，2010.

9) 宇都宮智昭ほか：洋上風力発電用ハイブリッドスパーの 1/10 モデルによる実海域実証実験，第 31 回風力エネルギー利用シンポジウム，2009.

10) 高木健ほか：帆走式洋上風力発電施設の基本計画技術確立に関する研究, 再，平成 19 年〜21 年度科学研究費補助金研究成果報告書，2009.

11) 石原孟：着床式洋上風力発電実証研究の現状と今後の展望，日本風力エネルギー学会誌，Vol.36, No.2, pp.215‑223, 2012.

12) 経塚雄策ほか：博多湾における浮体式海上風力発電実験について，日本船舶海洋工学会論文集，第 14 号，pp.323‑325，2012.

13) 榎本博ほか：逆浸透膜の浸透量計測にもとづく濃度差発電の実現性評価，電気学会論文誌 B, Vol.128, pp.1129‑1138, 2008.

14) 牛山泉：風車工学入門 第 2 版，森北出版，2013.

第 7 章

取得エネルギー利用システム

室蘭港外，室蘭工業大学波力発電実験施設，1985 年ごろ

　上の写真は，波のパワーを感じる一コマである．この施設では，二つの水室のうち1室にサボニウス型水車が取り付けられていた．のちに振り子式装置が取り付けられる1室は空のため，そこから水しぶきが激しく打ち上がっている．当時はまだ実験施設の上で観測を行っていたが，このときは施設に近づくこともできなかった．

　地球環境問題や化石燃料の枯渇問題への対策として，脚光を浴びている再生可能エネルギー発電であるが，それは"気まぐれ"な出力が特徴である．この出力を商用電力として導入することが増えるにつれ，"気まぐれ"への対応が急務となってきた．すなわち，供給電力の変動を小さくすることと，需要の変動に対し従来の発電所と連携した対応をとることが求められている．この二つの課題について，風力発電と太陽光発電を対象に技術開発が進められている．本章では，これらの知見を踏まえて，風力と同様に変動の大きい海洋エネルギーの「電力利用」，「海水淡水化」と「水産・環境分野における利用」について述べる．

7.1 利用面からみた海洋エネルギーの特徴

7.1.1 エネルギー取得場所と陸地までの距離

海洋エネルギーは場所によってエネルギー密度が大きく異なるので，利用にあたっては，取得場所の制約を受ける．エネルギーの取得場所は，沿岸浅海部または沖合である．取得したエネルギーを陸上で消費する場合，取得場所の違いはエネルギー利用コストに反映する．たとえば，海洋エネルギーを電気に変換して利用する場合，エネルギー取得場所から陸地までの距離の差は，費用のかさむ海底ケーブルの建設費の差として直接反映する．

エネルギー変換装置の設置方式は，エネルギーの取得場所によって「沿岸固定式」と「沖合浮体式」の二つに大きく分類することができる．波力発電では，沿岸固定式の設置場所は，施工実績の豊富な防波堤と同程度の水深 20 m 以浅，離岸距離数 km 以内となるだろう．一方，沖合浮体式のそれは，発電した電力を陸上に送電するためのケーブル敷設のコストや係留設置工事の難易度，コスト等から，離岸距離 10 km 以内，水深 50～100 m 程度の海域が考えられる[1]．我が国の潮流発電の適地は海峡に限られる．西日本の代表的な海峡・瀬戸は，海峡中央部から陸地までの距離がおよそ 2 km 以下である．海洋温度差発電のうち，沖合浮体式については，陸域からの距離を算出できるほど具体的な検討がされていない．一方，沿岸固定式では，施設は陸上部に設けられるので，沖縄の久米島を例[2]にとれば，深層水取水位置から陸地までの距離はおよそ 5 km である．

7.1.2 取得エネルギー規模

NEDO（独立行政法人新エネルギー・産業技術総合開発機構）の報告書[3]をもとに，海洋エネルギーの種類ごとに装置 1 基あたりの発電容量を整理すると，表 7.1 のようになる．波エネルギーでは，60 W 級の波力発電ブイが最初に実用化されている．また，750 kW の浮体式可動物体型が実海域で運転された．海洋熱を利用した海洋温度差発電（OTEC）では，これまでの実証試験の最大出力は 213 kW だが，実用化段階で想定される規模は 50～100 MW である．潮汐発電は，1967 年に運転が開始されたフランスのランス発電所が実用化第 1 号である（2.3 節参照）．その後，ロシア，中国，カナダ，韓国で発電所が建設された．発電機 1 機の出力は 0.4～25.4 MW，総出力は 0.4～254 MW である．潮流・海流発電では，実海域で運転された装置 1 基の出

表 7.1　発電装置 1 基あたりの発電容量

エネルギー の種類	発電容量 [MW/1 基]	
	実証段階	2030 年まで の開発目標
潮　汐	25.4	—
海流・潮流	1.2	10
波	0.7	2
海洋熱	0.2	50

力の最大は，1.2 MW である．波力発電，潮流・海流発電では，1 基あたりの出力が小さいので，1 か所に装置を複数基配置した発電ファームを形成し，必要量を確保する．

7.1.3　需給エネルギーの変動性

海洋エネルギーの特徴は，太陽エネルギーや風力エネルギーと同様に，その変動性にある．波エネルギーは，時間単位，日・週単位，季節単位で複雑に大きく変動する．2 章でみたように，月と太陽の引力により，潮汐・潮流エネルギーは半日または 1 日周期の変動と約 15 日周期の変動を繰り返す．潮汐・潮流エネルギーの変化は規則的で，予測が可能である．海流（黒潮）エネルギーは，比較的安定しているが，流路は一定ではない．したがって，定点からみれば，流速が変化する．海洋熱エネルギーでは，深層水の温度は安定しているものの，日本沿岸の表層水温は季節的に変化する（図 7.1）．

変動するエネルギーを効果的に利用するには，どのような方法があるだろうか．利

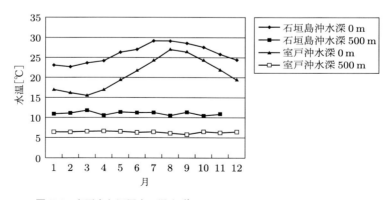

図 7.1　表面水と深層水の温度 [4]
　　　石垣島沖：緯度 24.00N‑25.00N，経度：124.00E‑125.00E
　　　室戸沖：緯度 33.00N‑34.00N，経度：134.00E‑135.00E

用上もっとも便利なエネルギー形態は電気である．ただし，商用電力システムでは，電気は貯めておけない．また，供給量と需要量が一致しなければならない．そこで，電力会社では，時々刻々と変化する需要（図 7.2）に応じて，発電量を調整している．一方，自然エネルギー利用システムでは，発電量は自然の変化に影響されるため，電力需要に合わせた発電ができない．需要に合わせた供給を行うためには貯蔵が欠かせない．

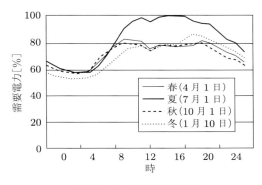

図 7.2　電力需要の変動 [5]

電力以外の利用形態では，エネルギーの変動性を許容することが可能である．変動性を許容するシステムでは，平滑化や貯蔵などの要素が必要ないため，システムの簡素化を図ることができる．次節以降では，海洋エネルギーの電力利用とそのほかの利用方策について，その概要を述べる．

7.2　電力利用

7.2.1　発電機の種類と特徴

風力発電に関する文献に比べ，海洋エネルギー発電関連の文献では，発電機のタイプや電力系統への接続（系統連系，後述）に関する記述がほとんどみられない．これは，実用化が進み，全世界の累積導入量が 2011 年末でおよそ 238000 MW [6] に達する風力発電と，大規模な装置の実用化が緒に就いたばかりの海洋エネルギー発電との実用化進度の差にほかならない．波や潮流から電力を取り出すにあたっては，これらのエネルギーと同様に，変動が大きい風力発電で蓄積された知見が役立つ．

現在，風力発電に使用されている交流発電機には，誘導発電機と同期発電機があ

る．表7.2および図7.3に，両者の特徴と送電線への連系方式を示す．発電機の型式によって，系統へ接続する際の影響の大小，電力の質を確保するための運転制御法や周波数変換装置などの付帯設備の有無に違いがある．

表7.2 発電機タイプと送電線の連系方式[7]

発電機の種類		発電機運転制御	発電機	連系方式	長所/短所
誘導型	かご型誘導	一定速運転	高速発電機	Type A	突入電流：大 出力変動：大 発電機コスト：小
	二次巻線型誘導	部分可変速運転（可変速幅大）	高速発電機	Type C	突入電流：小 出力変動：定格以下 スリップリング：要 部分周波数変換装置：要
同期型	巻線多極同期	可変速運転	低速/中速発電機	Type D	突入電流：無し 出力変動：定格以下 発電機径：大 発電機コスト：大 スリップリング：要 全周波数変換装置：高価
	永久磁石型多極同期	可変速運転	低速/中速発電機	Type D	スリップリング：不要 増速機：有/無 その他同上

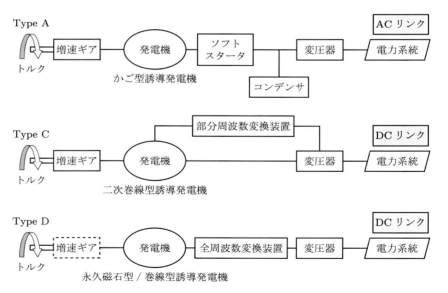

図7.3 系統連系方式[8]

系統に連系するとき，かご型誘導発電機では，"突入電流" とよばれる大きな電流が流れる．そのため，ソフトスタータによって突入電流を減少させる必要がある．二次巻線型誘導発電機，巻線多極同期型発電機では，回転子に電流を供給するためのスリップリングとよばれる電気接点が必要である．同期発電機は，入力の変動によって可変速の運転が可能であるが，発電した交流をいったん直流に変換し，系統側の電気と整合する交流に再び変換するための変換装置が必要である[9]．可変速運転の可能な発電機では，回転数が増加しても出力は定格を超えない．

7.2.2 系統連系

海洋エネルギーによって発電された電力の需要地への供給は，電力系統への接続（系統連系）を介して行われる．系統連系時には，発電電力が電力系統の周波数と電圧に一致しなければならない．交流発電機の出力を系統に連系する場合，基本的には変圧器（トランス）のみを介して直接系統に接続する AC リンク方式と，発電機の交流出力をいったん直流に変換するコンバータと，さらに系統と同じ周波数の交流に変換するインバータ等から構成される電力変換装置を用いる DC リンク方式がある[9]．AC リンク方式では，周波数は発電機の回転数に依存するので，発電機側で回転数を調節して，一定速度にしなければならない．DC リンク方式では，発電機が系統に直結されていないので，発電機の可変速運転が可能である．

7.2.3 エネルギー貯蔵

7.1.3 項でも述べたように，商用電力システムでは，供給量と需要量が一致しなければならない．供給が需要を上回ると周波数が高くなり，下回ると周波数は低くなる．そこで，電力会社では，時々刻々と変化する需要に応じて，発電量を調整している．一方，自然エネルギー利用システムでは，発電量は自然の時間的変化と連動し，電力需要の時間的変動と連動しない．また，自然エネルギーのうち，波力や風力のように，変動の時間単位が短いエネルギーを電気に変換する場合，貯蔵は出力の平滑化に大きな役割を果たす．エネルギー貯蔵は，変動する自然エネルギーを安定してかつ無駄にしないで利用するためには，欠かせない技術である．代表的なエネルギー貯蔵技術を表 7.3 に示す．また，それぞれの概要を以下に示す．

(A) 揚水

水を汲み上げ（揚水し），位置エネルギーとして貯蔵する．利用方法は水力発電と同じで，揚水式発電とよばれる．発電所は高低差のある二つの貯水池

140　第7章　取得エネルギー利用システム

表7.3　代表的なエネルギー貯蔵技術とその特性 10)

<table>
<thead>
<tr><th colspan="2"></th><th>揚　水</th><th>圧縮空気</th><th>蓄電池</th><th>超伝導</th><th>フライホイール</th></tr>
</thead>
<tbody>
<tr><td colspan="2" align="center">規模</td><td>中〜大</td><td>中</td><td>小〜中</td><td>小〜中</td><td>小</td></tr>
<tr><td rowspan="4">貯蔵特性</td><td>[万 kWh]</td><td>50〜1000</td><td>50〜250</td><td>〜80</td><td>〜10</td><td>〜1</td></tr>
<tr><td>密度 [万 kWh/m²]</td><td>〜1</td><td>8</td><td>100</td><td>10</td><td>50</td></tr>
<tr><td>貯蔵効率 [%]</td><td>70</td><td>75〜80</td><td>70〜75</td><td>80〜90</td><td>〜70</td></tr>
<tr><td>総合効率 #[%]</td><td>25</td><td>27〜29</td><td>25〜27</td><td>29〜32</td><td>〜25</td></tr>
<tr><td rowspan="4">運転特性</td><td>起動・停止</td><td>1 分程度</td><td>20〜30 分</td><td>瞬時</td><td>瞬時</td><td>瞬時</td></tr>
<tr><td>負荷追従性</td><td>大</td><td>中</td><td>大</td><td>大</td><td>大</td></tr>
<tr><td>信頼性</td><td>有</td><td>有</td><td>有</td><td>確立中</td><td>確立中</td></tr>
<tr><td>寿命</td><td>40 年以上</td><td>20 年以上</td><td>10 年以上</td><td>30 年以上</td><td>10 年以上</td></tr>
<tr><td rowspan="2">建設費</td><td>発電部 [万円/kWh]</td><td>14</td><td>14</td><td>4*</td><td>4*</td><td>4*</td></tr>
<tr><td>貯蔵部 [万円/kWh]</td><td>1</td><td>0.5〜1.5*</td><td>2〜3*</td><td>2〜3*</td><td>15* 以上</td></tr>
<tr><td colspan="2">建設期間 [年]</td><td>8〜12</td><td>2〜6</td><td>1〜3</td><td>2〜5</td><td>1〜2</td></tr>
</tbody>
</table>

#：発電効率(送電端)×貯蔵効率　　*：技術進歩を見込んだ商用時コスト

（調整池）を備えている．夜間の余剰電力を利用して発電所の水車を逆回転させ，下部調整池の水を上部調整池に送る．

(B) 圧縮空気

　　電力で空気圧縮機を駆動し，圧縮空気をタンクに貯蔵する．エネルギーを取り出すときは，ガスタービン発電機の圧縮空気として利用する．

(C) 蓄電池

　　充電・放電が繰り返し可能で，化学反応を利用してエネルギーの出し入れを行う．ナトリウム‐硫黄蓄電池，レドックスフロー電池，シール鉛蓄電池などがある．

(D) 超伝導

　　超伝導磁気エネルギー貯蔵（SMES：superconducting magnetic energy storage）のことである．超伝導マグネットに流れる電流によってエネルギーを貯蔵する．

(E) フライホイール

　　円盤を高速で回転させ，電気エネルギーを回転の運動エネルギーとして貯蔵する．円盤の回転には，電動発電機を用い，エネルギーの貯蔵には電動機として，エネルギーの取り出しには発電機として使用する．

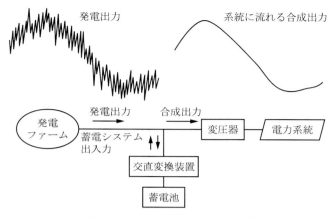

図 7.4 蓄電システムのイメージ [12]

NEDO（独立行政法人新エネルギー・産業技術総合開発機構）では，発電出力の変動抑制のために設置しうる，高性能・低コスト・長寿命の蓄電システムの開発を目指した，「系統連系円滑化蓄電システム技術開発」プロジェクト[11]を平成18年度から平成22年度にかけて実施した．蓄電システムのイメージを図7.4に示す．

7.2.4 スマートグリッド/マイクログリッド

海洋エネルギー発電だけでなく，風力発電，太陽光発電など出力変動のある分散型電源の電力が大規模に系統連系されれば，これまで電力網で行われてきた出力制御システムでは品質・信頼性の高い電力供給への対応ができなくなる．そこで，スマートグリッド（smart grid）とよばれる，情報通信技術を活用して電力の需要と供給を常時最適化する次世代の電力網の技術開発が進められている．変動の大きい自然エネルギーを商用電力網へ大規模に導入するためには，発電出力の平滑化と並んで欠かせないシステムといえる．スマートグリッドの概念を図7.5に示す．

離島のように電気事業者の主要な電力系統に連系していない地域では，電力は主にディーゼル発電に頼っている．そのため，離島では発電用燃料の輸送費をはじめ発電にかかるコストが割高となる．そこで，「新エネルギー等導入加速化支援対策費補助金」等の国の支援により，風力発電や太陽光発電の導入が図られている．しかし，元々容量の小さな独立系統に対して変動の大きい分散型電源を連系するには，安定した質と量の電力を供給するための，先に述べたスマートグリッドのような統合した電力網システムが欠かせない．分散型電源によるこの小規模電力網はマイクログリッド（micro grid）とよばれている．マイクログリッドは，資源エネルギー庁の「離島独立

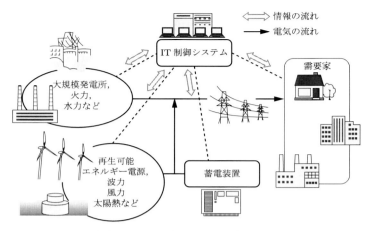

図 7.5 スマートグリッドのイメージ

型系統新エネルギー導入実証事業」として，九州，沖縄の離島で導入試験が行われている[13]．

7.2.5 変換装置の規格化・ユニット化

波力発電では，提案されている可動物体型の多くが液体ポンプ・液体モータを介してエネルギーを変換する．したがって，実用化の段階では，各システムが使用する機器で統一できるものはできるだけ統一し，また必要に応じて共同で機器開発をする．これにより，量産が可能になり，機器の信頼性の向上と単価の低下が望める．

2011年3月11日東北地方太平洋沖地震にともなって発生した津波は，北海道から千葉県にかけての広範囲に押し寄せた．海岸構造物を飲み込むような大津波に対しては，沿岸固定式は対策が難しい．波力発電施設が被害を受け，再利用できなくなる，あるいは修理に時間がかかり，長期間の停電を余儀なくされることが予想される．迅速な復旧には，発電装置を交換の容易なユニットにすることが欠かせないだろう．

7.2.6 漁業協調

海洋エネルギー発電所を設置しようとすると，必ず直面する課題は，漁業との調整である．1949年に制定された現行の漁業法により，漁業権が制定されている．漁業権とは，行政庁の免許によって設定された一定の水面において排他的に一定の漁業を営む権利[14]である．さらに，漁業権のうち，定置漁業権は定置網などを設置して漁業を営む権利であり，回遊魚を対象としている．海岸構造物が建設されると，回遊魚

の来遊やその経路に影響を与えるとの声も聞かれる。そのため、海岸や洋上に施設を造ることに漁業者の同意を得ることは容易ではない。これまでとられた主要な解決策に漁業補償があるが、漁業補償の慣行によって、漁業と他の産業は互いに敬遠し、協力すれば得られたであろう双方成長の機会が奪われてきた[15]、との見方もある。洋上発電事業等の進展にともなって浮上する、漁業者との調整という重要課題に対し、(社)海洋産業研究会では、旧来の漁業補償方式から脱却し、発電事業者も漁業者も、相互にメリットのある「洋上風力発電等における漁業協調の在り方に関する提言」（中間とりまとめ）を作成した。その骨子を、次の7.2.7項の「(3) 漁業協調」に示す。

7.2.7 機能の複合化

海洋エネルギーを利用する場合、燃料が不要なため、建設費がエネルギーコストを決定する主要な要因の一つである。エネルギーのコストを下げるためには、システムの高性能化と建設費の低減が効果的である。加えて、発電以外の他の分野のニーズに応えることで、費用対効果の比率を高める工夫が必要であろう。以下に、複合化の例を示す。

(1) 波力発電の場合

海洋エネルギーの取得場所が、沖合と沿岸とに分けられることは先に述べた。いずれの海域を利用するにせよ、漁業権という極めて強い権利が存在していることが、洋上施設の建設を阻む主要な要因となっている[16]、との指摘がある。一方、港湾や漁港では、漁業権との調整をつけて外郭施設の防波堤が建設されている。したがって、港湾や漁港区域内へ波力発電施設を導入することについては、漁業者の理解を得やすいだろう。

波力発電装置は、防波堤のように、来襲する波の峰方向と平行に配置するターミネータ型であると、エネルギー吸収効率がよい。ターミネータ型はその背後域に静穏域をつくり出すことから、消波堤としての役目を兼ねることができる。そのため、消波工として防波堤に併設、あるいは消波堤として設置することによって、経済性の評価を高めることができる。

平成21年度現在、港湾の防波堤延長583 kmのうち、設置後50年以上経過するものが約5%あり、20年後には約42%に増加する。また、漁港の防波堤延長1321 kmのうち、建設後50年以上を経過しているものが約8%ある[17]。現在、社会資本整備は抑制されているが、老朽化した施設の更新の際、その一部に波力発電施設併用型が採用されれば、エネルギーコストを低減することができる。

144　第7章　取得エネルギー利用システム

（2）　海洋温度差発電（OTEC）の場合

　海洋温度差発電方式のうち，オープンサイクルおよびオープンサイクルとクローズドサイクルを組み合わせたハイブリッドサイクルでは，副次的に淡水が精製される．また，冷却水として使用される深層水は，低温性という特徴をもつほか，生物の成長に必要な栄養塩類を豊富に含み，一方で人工汚染物や病原菌等をほとんど含んでいない．こうした深層水の有効利用について，我が国では，1976年から海洋科学技術センターにより研究開発が開始された．1989年には，水深320 mから取水する高知県海洋深層水研究所が設立された．現在考えられている海洋温度差発電の多目的利用方策を表7.4に示す．

表7.4　海洋温度差発電の多目的利用

利用資源	利用例
海水	飲料水（淡水製造） タラソテラピー 水産用水（飼育・洗浄）
冷熱	冷暖房・冷却（発電用を含む） 地温制御（農業）
溶存物質	リチウム回収 化粧品 医療品 食品添加材

（3）　漁業協調

　7.2.6項でふれた「漁業協調の在り方に関する提言」[18]では，漁業協調のコンセプトを表7.5に示す八つのカテゴリーに分けて提示した．提案されたコンセプトの多くは，海洋エネルギー利用施設でも適用が可能と考えられる．

7.3　海水淡水化

　いま，世界では，人口の急激な増加と社会の発展にともない，多くの国で水不足が発生している．水不足は我が国でも無縁ではない．これまでにもたびたび渇水が発生し，水道水の断水や制限給水等による生活への影響，工業用水不足による工場の操業短縮や停止，農作物の成長不良や枯死などの被害が発生してきた．離島では，地形的に安定した水源の確保が難しいことから，慢性的に水不足に悩まされているところが多い．そこで，必要な淡水を河川・湖沼水や地下水に頼らず，地球表面積の7割を占

表7.5 洋上発電等における漁業協調のコンセプト[18]

	カテゴリー	コンセプト案
1	漁業の場としての利用	資源培養,漁場造成,養殖・定置網の併設,環境改善への寄与,等
2	海洋データの収集・提供	漁海況情報の提供,漁業操業の効率化,燃料代節約等省エネへの寄与,等
3	観光・レクリエーション利用	遊漁海面としての利用,海釣り公園の設置,観光遊覧船の運航,ダイビングスポットの設置,等
4	電力供給利用	製氷工場・加工場・漁港施設等の陸上施設での電力利用,海域内養殖場の環境保全エアレーションや将来のE-漁船化に向けた洋上電力供給スタンドの設置,等
5	人材育成・海洋教育	漁業者養成フィールドとしての活用,エコ・ツーリズム,等
6	洋上発電関連事業への参画	洋上メンテナンスへの漁船の活用,洋上発電関連事業会社への協力体制の整備,発電事業主体あるいは同協力事業主体への出資,等
7	安全・防災機能の提供	水・食料・無線機器等の防災備蓄場,洋上緊急避難場所としての利用,等
8	その他	新たな漁業協調メニューの研究開発の場,地域雇用拡大,政策・法制度などソフト面での改善,等

める海から得ようとする努力が続けられてきた.

海水から淡水を製造する方法には,蒸発法と膜分離法がある.前者はOTECで副次的に淡水が製造される過程と同じである.後者は,逆浸透圧式とよばれ,水は通すが水に溶けている物質は通さない半透膜を利用し,その浸透圧以上の機械的な圧力をかけて海水から淡水を絞り出す[19].図7.6に逆浸透圧法の原理を示す.

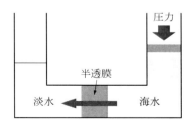

図7.6 逆浸透圧法による海水淡水化の原理

波エネルギーの一次変換のうち,可動物体型はほとんどが液体ポンプを駆動する方式である.したがって,作動流体を油から海水に変えることで,容易に海水淡水化装置のポンプの役割を果たす.波エネルギーを利用した海水淡水化装置は,McCabe

146 第7章 取得エネルギー利用システム

Wave Pump として，1996 年にアイルランドの海岸で試験が行われた[20]．

7.4 水産・環境分野における海洋エネルギー利用

7.4.1 背 景

　魚介類は，水揚げが海象に左右される．そのため，大漁，不漁の差が激しいうえに，大漁時には単価が下落し，水揚量の割には水揚金額が増加しないことも多い．一方，仲買側からすれば，ほしいときに買い付け可能な体制になっていない．こうしたことから，新鮮な魚介類の安定供給と魚価の向上を目的として，生きた魚介類を一時的に保管し，市場動向をみて出荷することが可能な施設として，漁港では "蓄養水面施設"，港湾では "水中荷捌き場" が整備されるようになってきた．しかし，このような水域は閉鎖性が高い場合が多く，必要な水質環境を維持するために，外海水の導入が望まれている．

　また，生け簀魚類養殖が行われているところでは，糞や残餌が生け簀の下の海底に堆積し，底質を汚染している．元々，生け簀養殖は，比較的波の穏やかな湾や，入り江，港内等で行われ，波浪による海底清掃（希釈・拡散）が期待できない．成層によって海水の鉛直混合が生じない夏季などに，海底付近は貧酸素状態になる．このような海底では，堆積した有機物が，嫌気性菌によって分解され，発生した硫化水素により生物に被害をもたらす．その対策として，堤ら[21]はベントスによる底泥浄化の可能性を示した．中村[22]は，ベントスの生息に必要な溶存酸素の豊富な海水を海底に送る動力源として，海洋エネルギー利用を提案している．

7.4.2 導水工

　港内や養殖池への波力による導水の原理は，越波式波力発電システムと同じである．異なるのは，発電部分の有無である．防波堤前面の波の運動エネルギーを水位上昇に変換し，防波堤前後の水位差により，防波堤に設けられた孔を通して港内に一方的に海水を導入する．図 7.7 は，志賀島漁港（福岡県福岡市）の導水工の概念図である．水位上昇は潜堤による強制砕波と遊水部の組み合わせにより得られる．様似漁港（北海道）のように，潜堤がなく，遊水部が垂直壁で囲われた導水工もある（図 7.8）．

　工学の分野では，越波式以外にも，波力利用の導水方式がさまざまに提案されている．我が国の港湾や漁港で使われる防波堤の構造形式に，直立堤や混成堤がある．直立堤は，前面が垂直な壁体を海底に据えたものである．混成堤は，捨石基礎（マウン

7.4 水産・環境分野における海洋エネルギー利用　147

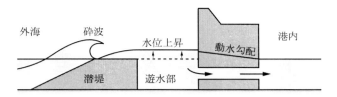

図7.7 潜堤付き孔空き防波堤（福岡市志賀島漁港）の概念図[23]

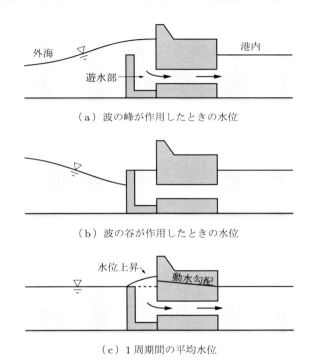

図7.8 様似漁港（北海道）導水工一方向流発生原理

ド）の上に直立壁体を据えたものである．いずれも波のエネルギーを沖側に反射して港内側の静穏を保つ．これらの構造形式では，防波堤前面で入射する波と反射する波が重なり合って，小型船舶の航行に障害となることがある．そこで，直立部を消波ブロックで被覆することによって，波エネルギーを逸散，減衰させ反射波と堤体に作用する波力を低減させている．このとき，消波ブロック内部では，平均水位が上昇する．この水位上昇に着目し，防波堤に孔を空けた有孔堤と組み合わせた導水工法が消波ブロック被覆型有孔堤である[24]．防波堤直立部を構成するケーソン（潜函）とよばれるコンクリートの箱の側壁に切り欠きを設け，据え付け後に隣接するケーソンとの間

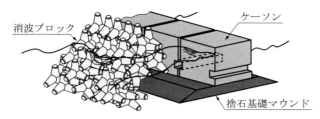

図 7.9 消波ブロック被覆型有孔堤のイメージ

図 7.10 瀬棚港東外防波堤通水部（港内側）
（提供：国土交通省北海道開発局函館開発建設部江差港湾事務所）

に通水部を形成する（図 7.9, 10）．

これまで紹介した各導水工について，流量特性の概念を図 7.11 に示す．曲線 A は，波による堤体前面水位の昇降にともなって生じる流出入の時間変化を示している．波の 1 周期間に生じる平均流量（流入量と流出量の差の時間平均）はほぼゼロになる．曲線 B では，平均水位の上昇高さに応じた定常流分が曲線 A に上乗せされ，1 周期間の流入量が流出量を上回っている．曲線 C は定常流分の付加と，さらに遊水部による流出の抑制を示している．

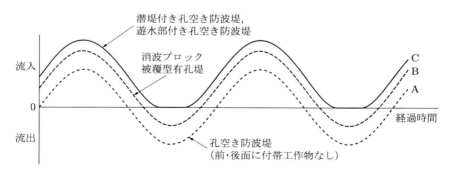

図 7.11 各種海水導入工の流量比較（概念図）

表 7.6 波エネルギーを利用した海水導入工の実施例

港　名	所在地	導水工法/原理	導水工断面積 [m²] ×個数
天売港	北海道	逆止弁 "ラムネの玉"	0.08 × 7
抜海漁港	北海道	特別な工夫なし	0.13 × 57
様似漁港	北海道	遊水部	2.25 × 2
瀬棚港	北海道	消波ブロック被覆＋ベルマウス	2.69 × 36
紋別港	北海道	ベルマウス	0.38 × 73
浦河港	北海道	消波ブロック被覆	6.25
志賀島漁港	福岡県	潜堤	1.5 × 2
四方漁港	富山県	潜堤	1.5 × 8
ウニ高密度肥育施設	北海道	越流堰	3.15
泊地区ヒラメ中間育成場	鳥取県	潜堤・越波	0.292 × 2, 0.33

波エネルギーを利用した海水導入工は，漁港を中心に施工されている．表 7.6 にその例を示す．

7.4.3　気泡噴流（エアレーション）

3, 4 章で示されたように，流れや波のエネルギーは物体の運動エネルギーに変換される．物体の運動を利用して作り出す圧縮空気や，7.2.3 項で示した圧縮空気貯蔵の直接利用法として，気泡噴流がある．図 7.12 に示すように，気泡噴流は，水中で圧縮空気を放出することで生じる空気と水の上昇流である．この流れは，水面に到達した後水平方向に広がる表面流となる．気泡噴流は，底層の無あるいは貧酸素水塊を表層に湧昇させる．これにより，海面曝気が促進されて水中の溶存酸素が増加する．また，海底の滞留層を破壊して底層へ酸素を補給し，還元層の発生を防止する．

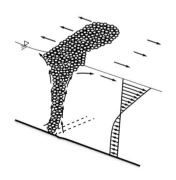

図 7.12　気泡噴流

参考文献

1) 宮島省吾：第 4 章第 1 節 波パワーの賦存量と波力発電の適地選定，海洋再生エネルギーの市場展望と開発動向，サイエンス&テクノロジー(株)，pp.249-257, 2011.

2) 沖縄県久米島町：緑の分権改革推進事業 久米島海洋深層水複合利用基本調査 調査報告書，2011.

3) 新エネルギー・産業技術総合開発機構：NEDO 再生可能エネルギー技術白書〜新たなエネルギー社会の実現に向けて〜，2010.

4) 日本海洋データセンター (JODC) ホームページ：
http://www.jodc.go.jp/jodcweb/index_j.html，経緯度 1 度メッシュの水温・塩分統計，2003 年データ．

5) 東京電力ホームページ，過去の電力使用実績データ：
http://www.tepco.co.jp/forecast/html/download-j.html，2010 年データ．

6) Global Wind Report Annual market update 2011, GWEC, 2012.

7) 納富良介：第 5 章第 7 節 風車，海洋再生エネルギーの市場展望と開発動向，サイエンス&テクノロジー(株)，p.330，表 8.

8) 新エネルギー・産業技術総合開発機構：風力発電導入ガイドブック（2008 年度 2 月改訂第 9 版），p.62，図 2.3-3.

9) 新エネルギー・産業技術総合開発機構：風力発電導入ガイドブック（2008 年度 2 月改訂第 9 版），2009.

10) 山内洋司ほか：エネルギーの貯蔵・輸送，NTS, 2008.

11) 新エネルギー・産業技術総合開発機構：(エネルギーイノベーションプログラム) 次世代蓄電システム実用化戦略技術開発「系統連系円滑化蓄電システム技術開発」基本計画，
http://www.nedo.go.jp/activities/AT5_00134.html.

12) 平成 18 年度調査「系統連系円滑化蓄電システム技術開発」共通基盤研究に関する基礎調査報告書，新エネルギー・産業技術総合開発機構，2007，p.15，図 1-5，p.16，図 1-6.

13) たとえば，沖縄電力：特集「新エネルギーの取り組みについて」，環境レポート 2011，
http://www.okiden.co.jp/environment/report2011/sec4/sec4.html

14) 金田禎之：三訂版 漁業法のここが知りたい（付 漁業補償・遊漁・TAC 法），成山堂書店，1997.

15) 黒﨑明：第 9 章第 1 節 海洋の利用権・実証フィールドの実現と社会コンセンサス，海洋再生エネルギーの市場展望と開発動向，サイエンス&テクノロジー(株)，pp.405-409, 2011.

16) 馬場治：第 9 章第 4 節 沿岸域の利用と地域振興，海洋再生エネルギーの市場展望と開発動向，サイエンス&テクノロジー(株)，pp.427-436, 2011.

17) 総務省：(2) 主な社会資本の老朽化の進行状況，社会資本の維持管理及び更新に関する行政評価・監視結果報告書，2012.

18) （社）海洋産業研究会：洋上風力発電等における漁業協調の在り方に関する提言（中間とりまとめ），海洋産業研究会会報 RIOE News and Report，通巻 第 356 号 Vol.43, No.2, pp.1-36, 2012.

19) 藤田恒美：月刊 海洋，海水淡水化への深層水の応用，Vol.26, No.3, pp.181-189, 海洋出版（株），1994.

20) Technology White Paper on Wave Energy Potential on the U.S. Outer Continental Shelf, Minerals Management Service, Renewable Energy and Alternate Use Program, U.S. Department of the Interior, 2006.

21) 堤裕昭，山田真知子，浜田建一郎，門谷茂：閉鎖性海域の海底に堆積した有機汚泥のバイオリメディエーション日産科学振興財団研究報告書，Vol.24, pp.9-12, 2001.

22) 中村宏：第 9 章第 5 節 水産分野におけるエネルギー問題への取り組みと期待，海洋再生エネルギーの市場展望と開発動向，サイエンス&テクノロジー（株），pp.437-445, 2011.

23) 山本潤，武内智行，中山哲巌，田畑真一，池田正信：志賀島漁港外港の導水工による環境改善効果に関する現地調査，海岸工学論文集，第 41 巻 (2)，p.1096，図-1，土木学会，1994.

24) たとえば，水野雄三，谷野賢二，笹島隆彦，木村克俊：消波ブロック被覆型有孔堤の海水交換特性と設計について，開発土木研究所月報，No.486, pp.31-37, 1993.

第 8 章

むすび —現状と展望—

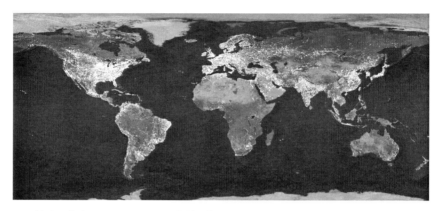

地球の夜光, NASA Landsat 衛星画像 (http://visibleearth.nasa.gov/による)

　上の衛星画像は地球上の夜光の分布を示したものである．これから我々はさまざまなことを読み取ることができる．確かなことは，世界人口が増加するのにともなって，今後，この地上の夜光は拡大することである．そして，そのエネルギーは地上からのみでは足りず，海洋からも取得することが必要になるはずである．

8.1　海洋エネルギー開発の歩み

　前章までの内容から，本章末に今日までの約 100 年間の技術開発の歴史を，世界と日本について付表としてまとめた．これをみると，すでに 1967 年にランス(仏)で実現した潮汐発電は別として，ようやく実用化の緒に就いたばかりの波力と潮流，未だ実用化のための実証試験が必要な海流，温度差や濃度差発電と，種類によって成熟度が大きく異なることがわかる．したがって，海洋エネルギー利用が全世界的に普及するには，今後，実海域試験を含む広範な研究が必要である．

8.1 海洋エネルギー開発の歩み　153

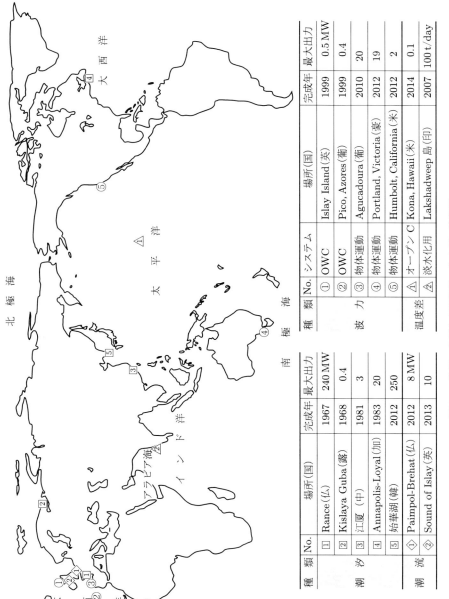

図 8.1 世界の主要な実用海洋エネルギー発電所

8.2 世界的状況

現在,世界で商用化した代表的なシステムとその発電所の所在地を図 8.1 に示した.これより,20 世紀末では欧米に偏在していた実用プラントが,近年,アジア・オセアニア地域にも建設されたことがわかる.

海洋エネルギーの先進国が多い欧州連合 (EU) は,波力や潮流・海流エネルギーの実用化を促進させるため,変換装置の実海域での性能を評価できる実証フィールドの整備を進めた.それらは 2004 年に完成した (英) スコットランドの EMEC をはじめとして,8 か所におよぶ (図 8.2).

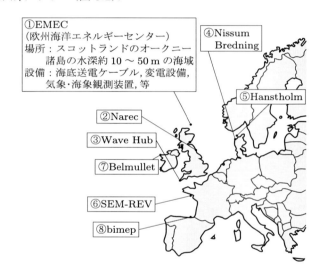

図 8.2 欧州連合の海洋エネルギー実証フィールド [1]

今後，海洋エネルギーが世界全体としてどのように進展するか推察してみよう．海洋エネルギーの賦存量を支配するのは，気象や地形などの自然条件である．

潮汐エネルギーは，北半球ではアメリカ大陸の高緯度海域で大きく，ファンデイ (Fundy) 湾では日常の生活に支障をきたすほど潮差が大きい．アナポリス‐ロイヤル発電所は，元々同湾での数千 MW 級の大規模潮汐発電所のパイロットプラントとして建設されたものである．アジアでも韓国が昨年，黄海に面する始華湖で，45 年間首位を保っていたランスを上回る潮汐発電所を実現した．ロシア領のオホーツク海のペンジナ湾やツグール湾も，莫大なパワーをもつ有望地点である [2]．潮汐発電は発電所設置により，周辺海域に潮汐や潮流などの海象変化をもたらすことは避けられず，それをいかに軽減するかが実現に向けての課題である．

海流は，数千万 m^3/s という莫大な流量をもつ黒潮やフロリダ海流があることから魅力的であるが，流路と共に流水の断面積も変動するので，どこでエネルギーを取得するかが重要になる．また，装置が大型になると，流れによる流体力に加え波力も考慮する必要があり，流体抵抗の少ない構造体にすることが課題である．

海洋温度差は，表面水温が高い低緯度海域でポテンシャルが大きいから，地球温暖化にともなう海面上昇の脅威にさらされている太平洋などの熱帯海域の，小規模な離島での実用化が渇望されている．

波エネルギーは，北半球では偏西風の効果のため大洋の東岸，すなわち北大西洋，北太平洋の東岸で大きい．南半球の波エネルギーは，高緯度では南極大陸以外は大陸がないことから南米，アフリカ南端ならびにオーストラリアとニュージーランドの南岸海域で大きい．発電コストは，入力パワーに反比例し，建設費にほぼ比例する．4 章で述べたように，入力パワーは波高の 2 乗と周期に比例する．また，建設費はほぼ波高に比例する．したがって，風波よりもうねりの影響が強い海域において，コストが低くなる．こうした点に留意すると，南極海のうねりの効果が強い南半球の南方海域が発電コスト面から有利になる．

1994 年に発効した「海洋法に関する国際連合条約」は，領海と排他的海域以外の公海は人類共通の財産，としている．北半球の工業先進国は当然のこととし，化石エネルギーに恵まれない南半球途上国の住民の持続的に平和な生活を，海洋エネルギーで実現すべきである．

8.3 我が国の展望

ここまで述べたように，我が国の海洋エネルギーに関する研究は，1970年代からおよそ20年間は，質量ともイギリスやノルウェーと共に世界のトップグループを走っていた．図8.3に示すように，その間，波，潮流ならびに温度差について実証試験を行った件数は，約20件に上る[3]．しかし，それらは2, 3を除き数年間で中止されており，無論，現時点では商用化プラントはない．

図8.3 我が国内の主要海洋エネルギー現地試験マップ

8.3 我が国の展望　　**157**

　我が国の産業政策は，政府が中核となって方向を決めて進め，産学がそれに追随してきた．エネルギー政策についてはこの 50 年間，化石エネルギー小国ゆえに，原子力を頼るべきエネルギーとして，その開発に傾注してきた．再生可能エネルギーは，その数十分の一にも満たない予算に終始してきた．その中でも太陽光発電に集中的投資し，その他の再生可能エネルギーは軽視され，海洋エネルギーに至ってはほとんど無視されてきた．その結果，世界市場では風力発電や波力発電のシステムは当然のこと，太陽光電池でさえも，いまではドイツ，アメリカならびに中国の後塵を拝している．とくに，21 世紀初頭から 10 年間の我が国の海洋エネルギーは，章末の付表にみられるように，「空白の 10 年」ともいうべき期間であった．その間，欧米諸国は無論のこと，韓国，中国，インドなどのアジア諸国は着実に技術開発を遂げ，図 8.1 に示すように世界的な実用化プラントを完成している．

　このような現状は，海洋国としての我が国の特性を軽視してきたエネルギー政策の当然の帰結であるが，それを甘受してきた産・学も責任の一端を負わなければならない．

　(英)エネルギー・気候変動省は，イギリスで 2020 年までに波力と潮流エネルギーで 0.3 GW の発電をするとしている [4]．また，(米)エネルギー省は，2030 年には合衆国の全電力消費量の 9%を波，潮汐ならびに潮流発電で分担できるとしている [5]．1～6 章で示した内容から，同時期の我が国の海洋エネルギー(洋上風力，海中バイオマスを除く)による電力分担率を 10%以上とする可能性は十分あるので，その実現に向けての政府の施策が必要となる．

　遅ればせながら，政府は 2013 年 4 月に，2018 年を目標とする新たな海洋基本計画を決定し，海上風力を含めた海洋再生エネルギーの普及と関連海洋産業の育成を図る

表 8.1　海洋再生可能エネルギー実証フィールド(2014.7.15 選定) [6]

都道府県	海　域	エネルギーの種類
新潟県	粟島浦村沖	海流(潮流)，波力，浮体式洋上風力
佐賀県	唐津市加部島沖	潮流，浮体式洋上風力
長崎県	五島市久賀島沖	潮流
	五島市椛島沖	浮体式洋上風力
	西海市江島・平島沖	潮流
沖縄県	久米島町	海洋温度差
岩手県 *	釜石市沖	波力，浮体式洋上風力

* 2015 年 4 月 3 日に追加選定．

ことにした．その中には，8.2 節で記した EMEC のような実証フィールドの整備が含まれており，2014 年 7 月 15 日に選定された地点を表 8.1 に示す．

　今後は政・官は当然のことながら，関連する技術者・研究者が真剣に努力し，国民の理解を得て実用化を一歩一歩進めることが必要である．

　本書がその一助になることを著者らは心より願っている．

参考文献

1) 内閣官房総合海洋政策本部事務局：海洋資源エネルギーセミナー，再生可能エネルギー協議会，2013.
2) Bernstein,L.B.(Edt.), translated by E.M.Wilson and W.O.Song: Tidal Power Plants, Korean Ocean Research Development Institute, p.444, 1996.
3) 高石敬史：海洋構造物の実海域試験，第 1 回波浪エネルギー利用シンポジウム，pp.63-75, 海洋科学技術センター，1984.
4) ECCC: UK Renewable Energy Road Map, 2011.
5) EERE News: DOE Reports show Major Potential for Waves and Tidal Energy Production near U.S. Coasts, January 18, 2012.
6) 内閣官房総合海洋政策本部事務局：プレスリリース，2014 年 7 月 15 日.

付表　海洋エネルギーの技術開発史 (1910〜2013)
[太字は社会事象]

年	世　界	日　本
1910	(仏) Bochaux-Praceique, Royan 海岸で, 振動水柱型波力発電 (OWC), 1 kW 稼働	
18		東京帝大工学部廣井勇, 千葉県大東岬で OWC 型装置などの現地試験
28	(仏) Claude, ベルギーでオープンサイクル式温度差発電 (OTEC) の実験	
45	**第二次世界大戦終戦**	**敗戦, 無条件降伏**
8	(仏) Claude, OTEC アビジャン計画の実験	
64	(米) Anderson 親子, プロパンを作動流体とする OTEC を開発	
5		益田善雄ら航路標識ブイ用 OWC の発明
7	(仏) EDF, Rance 川河口に 240 MW 潮汐発電所完成	海上保安庁東京湾アシカ島で固定式 OWC 試験
8	(露) 白海に Kislaya 潮汐発電所 0.4 MW 完成	
1970		新発電総合調査委員会, 有明海の潮汐発電計画
3	**中東戦争, 第一次石油危機**	**石油パニック, 物価高騰**
	(英) Salter, 浮遊可動物体型波力発電 DUCK 発明	通産省「サンシャイン計画」発足
4	(諾) Falnes ら, 点集中式 OWC の開発	科学技術庁黒潮の海流エネルギー調査研究
5	(日) 航路標識用益田ブイ, 全世界で約 1400 個稼働	波力発電船「海明」第 1 期実験（鶴岡市三瀬沖）
	(米) Lockhead 社ハワイで mini-OTEC 50 kW 実験	室蘭工大渡部・近藤ら, 振り子式システム発明
8	波エネルギー国際会議（Chalmers 大, スウェーデン）	北海道増毛町, 振り子式波力発電 20 kW 給湯装置
9		日大木方ら来島海峡, ダリウス水車潮流発電試験
1980	(日) 東京電力他, ナウル共和国で 100 kW OTEC 実験	新技術事業団固定型 OWC 40 kW 設置（三瀬）
	(英) Coventry 大 Bellamy ら浮遊式 SEA CLAM 開発	佐賀大上原ら伊万里湾で 75 kW 級 OTEC 試験
1	(加) Fundy 湾 Annapolis Roya 120 MW 潮汐発電所	第一回波浪エネルギー利用シンポジウム（東京, 海洋科学技術センター）
2	IUTUM 波エネルギーシンポジウム（Lisbon, 葡）	
3	(諾) KVÆRNER 社, 波力発電の多重共鳴式 OWC 500 kW と越波式タプチャン 350 kW, Toftestallen に設置	「海明」第 2 期実海域実験
5		日本造船振興財団, 竹富島で運動物体型波力発電装置「海陽」実験
6		エンジニアリング振協, 九十九里町に定圧化 OWC システム, 30 kW 設置
1990		
1	(英) Queen's 大学 Whittaker ら, スコットランド Islay 島で陸上型 OWC 75 kW 実験	運輸省酒田港に OWC 型波力発電防波堤建設
2	(印) IIT, Madras, Trivandrum にケーソン式 OWC 150 kW	室蘭工大渡部ら振り子式一体型ロータリーベーンポンプによる PENDULOR 発明
3	1st EU 波エネルギー会議 Edinburgh (英)	海洋エネルギー国際シンポ "ODEC93"（室蘭工大）
	(米) PICHTR, ハワイ島でオープンサイクル	室蘭工大/寒地港湾技術研究センター,20 kW PENDULOR, 現地試験
4	OTEC210 kW 実験	佐賀大上原, OTEC ウエハラサイクル開発

160　第8章　むすび —現状と展望—

付表つづき

年	世　界	日　本
5	ART 社（英），波・風ハイブリッド施設 OSPRAY 開発	
1996	McCabe ポンプ，Kilbahara（アイルランド）で試験	東北電力，水弁式 OWC 130 kW 福島県原町港設置
7	国連温暖化防止条約国会議 (COP3)，京都	「新エネルギー利用促進法」施行
2000	（英）Islay 島で陸上型 OWC 実用機 LIMPET，500 kW 級稼動	海洋科学技術センター，三重県五ヶ所湾で浮遊式 OWC マイティーホエール，120 kW の試験
1	（豪）Energytech 社，Port Kembla（豪）で収斂型 OWC	
2	LIMPET, Pico 島（葡）で，400 kW 稼動	
3	（英）Ocean Power Delivery Ltd, Orkney 島沖で浮体式可動物体型波力発電 PELAMIS 海域試験	佐賀大学海洋エネルギー研究センター開所
4		北海道瀬棚町，港内に海上風力発電 2@600 kW 設置
5	（米）OPT 社 2 MW, PowerBuoy, オアフ島沖試験	
6	(EU) Orkney 島（英）に海洋エネルギー実証試験場 EMEC を開設	海洋基本法成立
7	（印）Lakshadweep 島に海水淡水化用 OTEC プラント（米）Oceanlinx 社，Maui 島で浮体 OWC, 2.7 MW	
8	（諾）浮遊式洋上風力発電 Hywind 2.3 MW 設置	
9	（諾）浸透圧法による塩分濃度差発電，2.3 MW 実験（英）Aquamarine 社，Oyster 315 kW, Orkney 島で実験	海洋資源・エネルギー機構 (OEAJ) 発足
2010	（葡）Agucadoura で 20 MW PELAMIS 稼働	神戸大，すさみ沖，ジャイロ式波力発電試験
11		3.11 東日本大震災・津波による原子力発電所破壊
12	（韓）黄海沿岸，始華湖に潮汐発電所 254 MW 完成	自然エネルギー固定価格買取り (FIT) 法施行
13	（英）Sound of Islay で 10 MW 潮流発電	実証フィールドを含む新海洋基本計画が策定

索 引

英数字

1 貯水池 1 方向発電方式　　23
1 貯水池 2 方向発電方式　　24
200 海里管轄海域面積　　9
2 次元性能評価　　92
3 次元境界要素法　　92
3 次元特異点分布法　　93
Archimedes Wave Swing　　81
EMEC　　154
FPED（flexible piezoelectric device）　　87
GPS（global positioning system）　　39
IPS ブイ　　72
JCOPE　　35
JONSWAP スペクトル　　55
LIMPET　　78
M2（主太陰半日周潮）分潮　　18
McCabe Wave Pump（マッケイブ波力ポンプ）　　83, 145
mini-OTEC　　112
Oscillating Cylinder　　72
OSPREY　　71
OTEC システム　　108
Oyster（オイスター）　　82
Pelamis　　81
PowerBuoy　　80, 86
power take-off（動力取り出し装置）　　65
Salter Duck（ソルターダック）　　71, 96
TAPCHAN　　73
Wave Carpet（ウェーブカーペット）　　82
Wave Star（ウェーブスター）　　83

あ 行

圧縮空気　　140
圧電素子　　69
アテニュエータ　　81

位置エネルギー　　56
一次変換　　63
一次変換効率　　63
陰イオン交換膜（AEM）　　130
ウィンドファーム（wind farm）　　122
ウェルズタービン　　65
後ろ曲げダクトブイ（OE-Buoy）　　79, 85
うねり（swell）　　50
運動エネルギー　　56
越波型（overtopping type）　　63, 69
越波型波力発電装置　　88
エネルギー単位の換算表　　4
エネルギー貯蔵　　139
エネルギー変換マップ　　4
鉛直軸ダリウス型　　42
塩分濃度差発電　　129
大 潮　　18
沖縄県海洋深層水研究所　　116
オープンサイクル方式　　108
オリフィス負荷　　93

か 行

回折（wave diffraction）　　53
回折係数　　53
海底摩擦減衰係数　　53
海 明　　75
海 陽　　77
海洋エネルギー（ocean energy）　　8
海洋エネルギー現地試験マップ　　156
海洋温度差のエネルギー密度　　106
海洋温度差発電（Ocean Thermal Energy Conversion: OTEC）　　104
海洋科学技術センター　　75
海洋資源・エネルギー機構（OEAJ）　　160
海洋深層水利用　　115
海洋法に関する国際連合条約　　155

海流エネルギー　33
海流図　34
学習曲線(learning curve)　13
化石燃料(fossil fuel)　2
可動物体型(moving body type)　63, 66
火力(thermal power)　2
環境コスト　13
干満差　17
規則波(regular wave)　50
気泡噴流　149
逆電気透析法(reverse electrodialysis: RED)
　129
キャビテーション　40
共通重心点　18
漁業協調　142, 144
漁業権　142
漁業補償　143
クイーンズ(Queen's)大学　78
空気タービン　65
屈折(wave refraction)　53
屈折係数　53
黒潮　35
クローズドサイクル方式　108
クロード(Claude)　105
群速度　52
系統連系　139
原子力(nuclear energy)　2
建設単価　12
極浅水波(shallow water wave)　51
小潮　18
固定価格買取制度(Feed in Tariff：FIT)　14

さ 行

再生可能エネルギー(renewable energy)　7
最大エネルギー吸収係数　96
佐賀大学海洋エネルギー研究センター　113, 160
作動流体　108
サボニウス型水車　43
実海域試験　152
実証フィールド　45, 46, 154, 158
実用海洋エネルギー発電所　153
始華(シファ)潮汐発電所　28
ジャイロ式発電　67

ジャイロ式波力発電装置　86
江厦(ジャンシャ)潮汐発電所　27
周波数スペクトル(frequency spectrum)　54
衝動型タービン　66
正味出力比　115
新エネルギー・産業技術総合開発機構(NEDO)
　59
深海波のパワー　57
深水波(deepwater wave)　51
浸透圧法(pressure-retarded osmosis: PRO)
　129
振動水柱型(oscillating water column: OWC)
　63
浸透膜　131
振動翼式　43
水中荷捌き場　146
水平軸プロペラタービン式　40
水弁集約式波力発電システム　75
水力(hydro power)　2
スマートグリッド(smart grid)　141
セイリング式　128
浅海波のパワー　58
線形理論解　51
浅水係数　53
浅水波もしくは中間波(transitional wave)　51
浅水変形(wave shoaling)　51
船舶搭載型超音波多層流速計(ADCP)　39

た 行

太陽エネルギー(solar energy)　7
多重共振型(multiresonant oscillating water
　column：MOWC)　70, 84
拓海　115
タービン効率　64, 110
ダルソンバール(d'Arsonval)　105
単位幅あたりのパワー(power)　56
蓄電池　140
畜養水面施設　146
着床式洋上風力発電　123
潮汐　17
潮汐水車(tide mill)　21
潮汐調和定数　19
潮汐力　18

超伝導磁気エネルギー貯蔵　140
長波(long wave)　51
潮　流　37
潮流エネルギー　37
直接駆動方式　68
定圧化タンク　74
ディフラクション問題　91
透過(wave transmission)　53
透過係数　53
等価線形化　93
等価浮体法　92
同期発電機　137
導水工　146
動力取り出し装置　65, 94
トータルコスト　13

な　行

ナセル　126
波のエネルギー　56
波のスペクトル(wave spectrum)　54
二次変換　63
二次変換効率　63

は　行

波　速　52
波　長　52
発電機効率　110
発電装置の性能評価　89
発電単価　12
波力発電ケーソン防波堤　75
波力利用熱回収システム　74
反射(wave reflection)　53
ピアソン-モスコヴィッツ(Pierson-Moskowitz)
　スペクトル　55
ピッチ(pitch)制御　40
貧酸素水塊　149
ファンディ(Fundy)湾　20
風波(wind wave)　50
不規則波(random wave)　54
賦存量(ポテンシャル量)　7
浮体式洋上風力　125

浮体-釣合錘式波力発電装置　87
浮遊渚方式　89
フライホイール　140
振り子式波力発電装置　77, 88
ブレットシュナイダー(Bretschneider)-光易スペ
　クトル　57
ブローホール(潮吹穴)　85
分散型電源　141
平均吸収パワー　95
ヘリカル水車　42
方向スペクトル(directional spectrum)　54

ま　行

マイクログリッド(micro grid)　141
マイティーホエール　75
益田式航路標識用ブイ　73
マルチカラム型波力発電　85
水粒子速度　52
室蘭工業大学　77, 88
室蘭港実験プラント　98

や　行

油圧システム　67
有義波　54
誘電性エラストマー　69, 87
誘導発電機　137
陽イオン交換膜(CEM)　130
洋上風力発電　123
揚水式発電　139
ヨー(yaw)制御　40

ら　行

ラディエーション問題　91
ランキンサイクル　110
ランキンサイクル効率　110
ランス潮汐発電所　26
領域分割法　93
レーリー(Rayleigh)　54
ロッキード・マーチン社　112
ロビンス(Amory B. Lovins)　8

編著者略歴

近藤　俶郎（こんどう・ひでお）
- 1957 年　北海道大学工学部土木工学科卒業
- 1957 年　北海道開発局入局，総理府技官
- 1966 年　カリフォルニア大学大学院修了，Master of Science in Civil Engineering.
- 1966 年　北海道開発局土木試験所港湾研究室副室長
- 1967 年　文部省出向，室蘭工業大学助教授
- 1975 年　室蘭工業大学教授
- 2000 年　室蘭工業大学を定年退官，室蘭工業大学名誉教授
- 2005 年　（株）アルファ水工コンサルタンツ特別顧問
- 2006 年　土木学会名誉会員
- 　　　　　現在に至る（工学博士）

【主要著書】
消波構造物（竹田英章と共著）：森北出版，1983.
海岸工学概論（佐伯 浩ほかと共著）：森北出版，2005.
波力発電（渡部富治と共著）：パワー社，2005.
［日本語版］USACE Coastal Engineering Manual（監訳），（株）アクアテック，2008.

著者略歴

経塚　雄策（きょうづか・ゆうさく）
- 1973 年　大阪大学工学部造船学科卒業
- 1977 年　大阪大学大学院工学研究科博士前期課程修了
- 1977 年　防衛大学校機械工学教室助手
- 1985 年　九州大学応用力学研究所助教授
- 1990 年　九州大学大学院総合理工学研究科教授
- 現在　　九州大学大学院総合理工学研究院教授（工学博士）

永田　修一（ながた・しゅういち）
- 1978 年　熊本大学工学部土木工学科卒業
- 1980 年　九州大学大学院工学研究科水工土木学専攻修士課程修了
- 1983 年　九州大学大学院工学研究科水工土木学専攻博士課程修了
- 2003 年　日立造船（株）技術研究所鉄構・海洋研究室室長
- 2005 年　佐賀大学海洋エネルギー研究センター教授
- 現在　　佐賀大学海洋エネルギー研究センター教授，センター長（工学博士）

池上　康之（いけがみ・やすゆき）
- 1986 年　佐賀大学理工学部生産機械工学科卒業
- 1988 年　佐賀大学理工学研究科生産機械工学専攻修士課程修了
- 1991 年　九州大学総合理工学研究科熱エネルギーシステム工学専攻博士課程修了
- 1991 年　佐賀大学理工学部講師
- 2013 年　佐賀大学海洋エネルギー研究センター教授
- 現在　　佐賀大学海洋エネルギー研究センター教授（工学博士）

宮崎　武晃（みやざき・たけあき）
- 1972 年　青山学院大学理工学研究科物理学修士課程修了
- 1982 年　海洋科学技術センター副主幹
- 1983 年　英国中央電力庁マーチウッド研究所客員研究員
- 2000 年　海洋科学技術センター海洋技術研究部部長
- 2006 年　海洋研究開発機構執行役海洋工学センター長
- 現在　　東京大学先端科学技術研究センター特任研究員（工学博士）

谷野　賢二（やの・けんじ）
- 1973 年　室蘭工業大学工学部土木工学科卒業
- 1976 年　室蘭工業大学大学院工学研究科土木工学専攻修士課程修了
- 1992 年　北海道開発局開発土木研究所水産土木研究室室長
- 1997 年　北海道東海大学工学部教授
- 現在　　東海大学生物学部海洋生物科学科教授（工学博士）

編 集 担 当	上村紗帆（森北出版）
編 集 責 任	富井　晃（森北出版）
組　　　版	アベリー
印　　　刷	ワコープラネット
製　　　本	ブックアート

海洋エネルギー利用技術（第2版）　　　　　　　　　　　　　　　© 近藤俶郎 2015
―発電のしくみとその事例―

1996 年 4 月 22 日　　第 1 版第 1 刷発行	【本書の無断転載を禁ず】
2011 年 10 月 7 日　　第 1 版第 2 刷発行	
2015 年 6 月 16 日　　第 2 版第 1 刷発行	

編 著 者	近藤俶郎
発 行 者	森北博巳
発 行 所	森北出版株式会社

東京都千代田区富士見 1-4-11 （〒 102-0071）
電話 03-3265-8341 ／ FAX 03-3264-8709
http://www.morikita.co.jp/
日本書籍出版協会・自然科学書協会　会員
JCOPY ＜（社）出版者著作権管理機構 委託出版物＞

落丁・乱丁本はお取替えいたします.

Printed in Japan ／ ISBN978-4-627-91462-9

海洋エネルギー利用技術（第 2 版）［POD 版］

2024 年 10 月 21 日発行

編著者　　近藤俶郎

印　刷　　ワコー
製　本　　ワコー

発行者　　森北博巳
発行所　　森北出版株式会社
　　　　　〒102-0071　東京都千代田区富士見 1-4-11
　　　　　03-3265-8342（営業・宣伝マネジメント部）
　　　　　https://www.morikita.co.jp/

© Hideo Kondo, 2015
Printed in Japan
ISBN978-4-627-91469-8